AF246968

AUX RACINES
DE L'UNIVERS

Ervin Laszlo

AUX RACINES DE L'UNIVERS

**Vers l'unification
de la connaissance scientifique**

traduit de l'anglais
par
Françoise Robert

Fayard

*Le présent ouvrage est publié
dans la collection « Le Temps des sciences »
grâce à la collaboration de M. Jean Staune.*

AVANT-PROPOS

Ce livre développe une nouvelle théorie concernant la nature de l'homme et de l'univers. C'est une théorie unificatrice, et dans ce sens elle n'est nouvelle que dans son élaboration et dans ses détails. Dans ses intentions c'est une démarche aussi ancienne que celle de l'histoire de la pensée.

La théorie développée dans cet ouvrage est également aussi ancienne que l'histoire... du développement intellectuel de son auteur. C'est le résultat de près de trente-cinq ans de recherches, qui ont débouché sur la publication de plusieurs centaines d'articles et de plus de cinquante livres.

Parmi tous ces travaux il y en a trois qui constituent les étapes fondamentales du cheminement qui a abouti au présent ouvrage. Ce furent : *Essential Society* (La Hague, 1963), *Introduction to Systems Philosophy* (New York et Londres, 1972), et *La Cohérence du Réel : Évolution, cœur du savoir* (Paris, 1989, publié à l'origine sous le titre de : *Evolution : The Grand Synthesis*, Boston et Londres, 1987).

Chacun de ces travaux a nécessité une intense période de travail. La recherche pour *Essential Society*, la première tentative de l'auteur pour réaliser une théorie unitaire de l'Homme, de la nature et de la Société, commencée en 1959 quand il était pianiste professionnel, a nécessité quatre années d'efforts complémentaires pour être achevée. Ce travail sur les concepts développés dans *Introduction to Systems Philosophy* commença en 1966 pendant que l'auteur était enseignant à Yale, et a continué pendant les six années suivantes, tout au long du développement de sa carrière dans les universités américaines.

La Cohérence du Réel fut commencé en 1984, à une époque où, après l'agitation due aux travaux effectués dans les organismes publics internationaux, l'auteur entra dans une période de réflexion dans les montagnes de Toscane.

Pendant ces trois décennies les concepts utilisés ont apparemment changé (dans les années 60 la pensée de l'auteur était inspirée principalement par la métaphysique organiciste de Alfred North Whitehead. Dans les années 70 il a développé la théorie générale des systèmes de Ludwig von Bertalanffy et dans les années 80 son travail fut basé sur la théorie des systèmes dissipatifs de Ilya Prigogine) mais les prémices de base sont restés inchangés. C'était, et c'est la conviction que, dans les dernières décennies du XXe siècle, nous avons assez d'évidences empiriques et de possibilités théoriques pour décrire le monde comme une totalité, comme un tout qui s'auto-organise. Controversée dans les années 1960 et 1970, cette idée est devenue de plus en plus plausible au cours des années 1980 et 1990, lorsque les travaux des physiciens, des biologistes et des spécialistes du cerveau permirent l'unification de domaines entiers de l'investigation et de l'expérience. Le temps est désormais venu que les domaines, en eux-mêmes largement unifiés de l'*Univers et de la matière*, du *monde vivant* et du *monde des expériences conscientes*, soient reliés les uns aux autres dans un assemblage qui fasse apparaître chacun d'entre eux comme un élément d'un univers totalement unifié. Le présent travail a pour objectif de démontrer la pertinence et le réalisme d'une telle tentative.

Une estimation et une critique systématiques de chacune de mes nombreuses tentatives pour formuler la thèse présentée dans ces pages étaient essentielles au succès de mon entreprise ; je suis redevable à plusieurs de mes amis et collègues de cette évaluation. Sans pour autant suggérer qu'ils soient responsables des erreurs qui pourraient se trouver dans mon exposé, je saisis l'occasion de remercier tout d'abord mes amis du General Evolution Research Group (Groupe de recherche sur l'évolution générale). Leurs commentaires et leurs conseils m'ont été très utiles, car ils ont posé les questions et soulevé les objections que d'autres membres de la communauté scientifique auraient probablement mises sur le tapis. Les interventions de Robert Artigiani, de Vilmos Csányi, de David Loye, de Jonathan Schull et d'Ignazio Masulli ont été particulièrement détaillées et utiles.

Au-delà de ce groupe de recherche, j'ai eu la chance de recevoir également des commentaires détaillés d'amis appartenant à la communauté scientifique. Karl Pribram a contribué à mon travail d'une façon exceptionnelle en lisant et en analysant en profondeur l'application de ma thèse au cerveau. Mark Braham, David Dunn, Roberto Fondi, Stanley Krippner, Ignaziò Licata, Henry Margenau, Roberto Peccei, Ib Ravn, Rupert Sheldrake et John Wheeler ont relu avec soin diverses parties du manuscrit et ont émis des commentaires et suggestions très utiles. David Bohm a eu l'amabilité de mettre à ma disposition des documents pertinents qui m'ont été très précieux, et David Peat m'a aidé à formuler certaines notations parmi les plus ésotériques de la nouvelle physique.

Je désire exprimer mes remerciements tout particuliers à Jean Staune, qui a collaboré à la préparation de la version finale de mon ouvrage avec un enthousiasme, et une créativité qui demeurent uniques dans mon expérience, et à Claude Durand, Présidént-directeur général des éditions Fayard qui m'a donné des conseils avisés tout au long de notre livre. Enfin, je désire remercier pour l'élaboration, leur collaboration attentive et précise Hélène Guillaume, Michel Massuyeau et Bernard Clesca.

Montescudaio, Toscane,
septembre 1992.

INTRODUCTION

Il y a une chaleur commune, un souffle commun,
toutes choses sont en sympathie.

HIPPOCRATE.

Comprendre le monde qui nous entoure et nous considérer comme faisant partie de ce monde a toujours été un grand rêve, celui de toutes les cultures, de toutes les civilisations. Il a inspiré les mythes préhistoriques, la magie primitive, l'intuition des mystiques et la vision des prophètes. Depuis deux mille cinq cents ans, à partir du moment où les penseurs de la Grèce antique ont remplacé les mythes et les formules magiques par des explications rationnelles, le rêve d'une connaissance complète et cohérente a été l'une des préoccupations dominantes de la philosophie. Aux XVIᵉ et XVIIᵉ siècles, lorsque des esprits originaux commencèrent à sonder la nature du réel par le biais de l'observation et de l'expérimentation, le rêve de comprendre l'homme et le monde d'une façon cohérente et synthétique inspira également la démarche scientifique.

A l'époque moderne, ce rêve n'a pratiquement plus cours. La poursuite effrénée du progrès matériel l'a bien souvent emporté sur le désir de trouver le sens de la vie et la plénitude de l'existence, et a répudié les systèmes de croyance globaux des civilisations antérieures. L'intelligence moderne n'admettrait pas que les niveaux multiples du cosmos — la sphère terrestre et la sphère céleste — soient reliés par des éléments communs, que le microcosme soit un reflet du macrocosme, un grain de sable celui de l'univers entier. Pour les civilisations classiques, ce qui existait en haut était comme ce qui existait en bas : l'ordre divin était l'inspiration durable, persistante, de l'ambition humaine. Mais l'émancipation de la pensée empirique et humaniste, en dégageant celle-ci d'une doctrine fondée sur la foi et le dogme, conduisit à l'alliance de la science théorique avec les techniques artisanales traditionnelles, et cette alliance donna le jour à la technologie moderne. La technologie alliée à la production de masse ouvrit des perspectives nouvelles à la pensée et à l'action et fit apparaître comme de simples superstitions les façons de considérer le monde qui avaient prévalu jusqu'alors. Au lieu d'être guidés par les notions de signification et de cohérence, les peuples modernes se contentèrent de l'idée de progrès linéaire, sans surprise, axé sur la satisfaction des besoins matériels. Il en résulta une vie plus longue et plus confortable, mais aussi plus vide et plus dénuée de signification.

Cependant le grand rêve de la découverte d'un schéma unificateur qui relierait les faits et événements que nous observons et que nous vivons, ce grand rêve n'a jamais été complètement abandonné. Dans la seconde moitié du XXe siècle, le vide spirituel laissé par l'éclatement des systèmes classiques de connaissance et de croyance a ressuscité ce rêve et suscité une nouvelle quête. Aujourd'hui, celle-ci est plus que jamais à l'ordre du jour. Comme le révèlent les photos prises de l'espace à partir des satellites, notre planète est un monde inclus dans un monde plus vaste : le système solaire, la galaxie, l'univers dans son ensemble. Le nouvel effort déployé en vue de parvenir à une vision intégrale, globale, prend en compte ces réalités plus larges : la recherche de nos origines, notre place et notre rôle dans la nature et dans le cosmos.

Cet effort pour accéder à une vision globale se retrouve

dans de vastes domaines de la culture et de la société contemporaines. Les indices et manifestations de cet effort résident dans un intérêt renouvelé pour la pensée holistique, la philosophie orientale, la religion et le mysticisme, ainsi que les modes de vie naturels. Les gens ne se contentent plus d'avoir une vision du monde réductrice qui ne tient compte que de la technique ; de plus en plus, ils tiennent à envisager l'univers dans son ensemble, dans sa globalité. L'effort accompli pour parvenir à une vision unifiée de l'homme et du monde est un signe de santé et de vitalité dans une époque de confusion et d'incertitude. C'est une preuve que la pulsion fondamentale vers la connaissance et la compréhension — pulsion aussi essentielle que la pulsion alimentaire ou la pulsion sexuelle — ne s'est pas perdue dans le chaos d'un monde en plein bouleversement. Les cultures en décadence se contenteront peut-être de concepts fragmentaires dépourvus de signification profonde ; les cultures dynamiques, en devenir, cherchent quant à elles à cerner l'ensemble de la réalité dont elles font l'expérience vécue.

On pourrait à présent corriger le déséquilibre d'un monde qui est plus confortable, mais aussi plus dépourvu de sens. Dans une telle tentative, il ne faudrait pas sous-estimer le rôle de la science. S'il n'empiète pas sur celui de l'art, de la religion et des dimensions mystiques de l'expérience, il est néanmoins plus fondamental qu'on ne le suppose en général. La science n'est pas, comme la dépeint l'imagination populaire, une simple recherche d'objets et de processus qu'il conviendrait d'observer et de décrire. L'observation et la description existent, certes, mais il y a aussi l'explication et l'interprétation. Un catalogue simpliste de tout ce qui est observable constituerait une liste déconcertante d'objets et d'événements sans lien évident qui les rattache les uns aux autres. La quête du sens, de la signification est un élément essentiel de la démarche scientifique, même si cette démarche est disciplinée par une méthode rigoureuse et des critères soigneusement sélectionnés. Comme l'analyse scientifique est complétée par la synthèse, les connaissances évoluent progressivement vers une unité conceptuelle plus vaste et plus cohérente.

Dans un certain nombre de disciplines scientifiques, la quête d'une compréhension globale est sur le point d'atteindre une nouvelle phase. Celle-ci s'exprime dans la recherche de théories unifiées dans la nouvelle physique et la nouvelle cosmologie, dans l'élaboration d'une science des systèmes dynamiques en mathématiques, dans la théorie du chaos, dans l'émergence des « sciences de la complexité », et dans l'application des théories générales de l'évolution et de la transformation dans diverses disciplines biologiques, sociales et humaines.

Les horizons qui s'ouvrent à la synthèse de la connaissance scientifique sont vastes et stupéfiants. Une description du monde unifiée et unitaire est en train de se constituer, pertinente, précise et intrinsèquement chargée de signification. Explorer et déployer cette vision, la communiquer à quiconque recherche une signification et une compréhension non fragmentées, tels sont quelques-uns des défis les plus importants et les plus stimulants de notre époque.

Les recherches qui suivent s'adressent à tous ceux qui, comme l'auteur, ressentent le besoin de renouveler nos liens avec la nature et l'univers, avec notre prochain, et enfin — c'est essentiel — avec nous-mêmes ; à tous ceux d'entre nous qui n'hésitent pas à réviser et, s'il le faut, à reconsidérer les opinions et les croyances établies. Ces recherches reprennent une quête aussi vieille que la civilisation, mais la reprennent avec de nouveaux instruments, donc avec de nouvelles chances de réussite. Elles sont présentées sans dogmatisme, dans l'esprit d'une aventure partagée, tout en sachant que, loin d'avoir pénétré tous les mystères, la science ne fait qu'approcher le seuil de la connaissance authentique de l'unité ultime dont les notes dominantes restent : *quantum*, *cosmos* et *conscience*.

La quête

CHAPITRE PREMIER

La quête de l'unification

Dans l'histoire des réflexions sur la nature du monde tel qu'il est vécu au travers de l'expérience, il y a toujours eu un compromis entre la satisfaction d'être parvenu apparemment à une appréhension complète de la réalité et l'assurance que les éléments de cette appréhension étaient fiables. Au cours des siècles derniers, des progrès importants se sont produits dans le domaine des théories vérifiées expérimentalement ; celles-ci ont peu à peu empiété sur les mythes collectifs et l'intuition individuelle. Ce qu'il y a de très remarquable en cette fin du XXe siècle, c'est qu'on s'aperçoit que les théories vérifiées parviennent en fin de compte à des niveaux auparavant atteints uniquement par le biais de l'imagination spéculative.

Si nous devons comprendre la véritable signification des progrès actuels, il nous faut jeter un regard en arrière. Revenons-en non à Adam et Ève, ni même aux origines de l'histoire des espèces, mais au temps où l'on a commencé à pratiquer une investigation systématique sur la nature du monde connu et connaissable.

Les origines classiques

La spéculation sur la nature du monde remonte aux grandes civilisations de l'Antiquité. Les civilisations sumérienne, babylonienne et égyptienne, de même que les civilisations indienne et chinoise, ont donné des comptes rendus détaillés de ce qu'elles croyaient être la nature véritable et ultime de l'homme et du cosmos. Les civilisations précolombiennes des Mayas et des Aztèques, celles de nombreuses sociétés tribales africaines avaient elles aussi leurs cosmologies mythiques. Mais les fondements de la pensée rationnelle sur la réalité — et, partant de là, les bases conceptuelles de la science théorique moderne — furent établis par les philosophes de la Grèce antique.

Au VIᵉ siècle av. J.-C., les philosophes ioniens, philosophes de la nature, abandonnèrent la vision mythologique du monde qui avait été prépondérante jusqu'alors, et s'efforcèrent de comprendre comment le monde tel qu'il était avait pu apparaître et exister. Leurs premières tentatives se concentrèrent sur les origines de l'univers ; la question fondamentale qu'ils se posaient était de savoir comment la diversité et l'ordre qui s'offrent à notre regard pouvaient bien se produire à partir d'une diversité plus réduite et moins ordonnée. L'univers, disaient les penseurs grecs, progresse d'un état de « chaos » (c'est-à-dire un manque d'ordre) à un état de « cosmos » (c'est-à-dire un ordre cohérent et logique dans son ensemble). Ils professaient la croyance, sans doute d'origine orientale, selon laquelle, derrière la diversité des objets et des sons perçus par nos yeux et nos oreilles, se dissimule une réalité plus profonde, qui est une et cohérente. Mais, contrairement aux grandes écoles de pensée orientale, les Grecs insistaient sur le fait que cette réalité peut être comprise grâce à la raison, sans l'aide des facultés intuitives.

Leurs premières tentatives se concentrèrent donc sur la compréhension de la diversité du monde perçu par les sens, exprimée en fonction d'une unité sous-jacente appelée simplement l'« Un ». Ce « Un », on le trouvait aussi bien dans un grain de sable que dans la totalité de l'univers. Le microcosme reflète le macrocosme ; le macrocosme transparaît dans le microcosme. Les philosophes ioniens étaient certes aussi conscients de la multiplicité : ils décelaient une grande variété de choses de par le monde : plantes, animaux, individus, rochers, océans, nuages... Mais, expliquaient-ils, cette diversité apparente provenait d'une substance fondamentale originelle ; l'unité était décelable dans la diversité.

Pour Thalès, cette substance originelle était l'eau, tandis qu'Anaximandre suggérait que le feu, la terre et l'air jouaient un rôle également important ; indéterminée, infinie, cette substance primordiale englobait toute chose. Anaximène, lui, croyait qu'elle était constituée d'un mélange d'eau et de terre qui, réchauffé par le soleil, engendrait les plantes, les animaux et les êtres humains par génération spontanée.

L'intelligence rationnelle des Grecs porta les spéculations de Thalès à un haut degré de raffinement. La théorie atomiste de Leucippe et de Démocrite en est un brillant exemple. Les atomes, d'après cette théorie, sont les seuls éléments qui existent : tout est composé d'atomes. Ils sont indivisibles et indestructibles. Les atomes et les choses composées d'atomes représentent le domaine de l'Être, mais l'Être n'est pas tout ce qu'il y a dans le monde, car il y a le non-Être, le vide. Un changement peut se produire précisément parce que les atomes évoluent dans le vide, adoptent des positions différentes pour former des choses différentes.

Dans la théorie atomiste, les Grecs avaient, apparemment, appréhendé la nature ultime du monde : il était fait d'éléments primaires indestructibles dont la combinaison crée tout ce qui est et tout ce qui sera. Leur théorie se maintint pendant presque deux mille ans ; elle ne tomba en désuétude que lors de l'apparition de la science moderne fondée sur l'expérimentation.

Au déclin de l'âge d'or de la civilisation hellénique, les spéculations des philosophes grecs changèrent d'objet, se

portant sur l'être humain plutôt que sur la cosmologie. Ce changement important dans la pensée grecque fut introduit par Socrate : dans ses débats, qui abordaient des sujets très divers, la moralité des actions humaines eut tendance à l'emporter sur les orientations précédentes de la philosophie naturelle. Mais, pour Platon, disciple privilégié de Socrate, le désir de connaître le tout, la totalité, fit à nouveau son apparition en tant que quête des ultimes principes de réalité. Ces principes reçurent les diverses appellations de « formes » ou d'« idées ». Les plus importants d'entre eux étaient la vérité, la bonté et la beauté. Chaque objet était censé avoir sa propre forme, sa propre idée. En fait, les composants ultimes de l'univers étaient, pensait-on, non des solides, mais des formes géométriques. Les plus petites particules constitutives sont le cube pour la terre, la tétraèdre pour le feu, et l'icosaèdre (polyèdre limité par vingt faces) pour l'eau. L'aspect géométrique des formes compacte et « carrée » du cube, par exemple, explique la stabilité de la matière, les pointes aiguës du tétraèdre expliquent la brûlure du feu, et l'icosaèdre, qui est parmi les solides réguliers le plus proche de la sphère, explique la fluidité de l'eau.

Ces formes géométriques ne représentent pas toujours la réalité ultime, car, à leur tour, elles sont constituées de triangles. Mais les triangles sont des entités abstraites, non des objets tridimensionnels : en effet, même lorsqu'on les dessine, il n'est besoin que de deux dimensions. Ainsi, en dernière analyse, Platon résolut la diversité du monde vécu à l'aide de formes idéales stables et permanentes.

La philosophie platonicienne de la réalité fut à l'origine d'une école de pensée durable et influente fondée par Plotin. Ces néoplatoniciens révéraient les formes, qu'ils considéraient comme des entités mystiques et sacrées. Ils pensaient que le monde où nous vivons est une région inférieure qui n'exprime qu'imparfaitement la perfection des formes existant dans une sphère plus élevée.

L'idéalisme de la tradition platonicienne fut contrebalancé par le naturalisme de l'école d'Aristote. Pour celui-ci, l'ensemble du monde consiste en l'interaction de quatre éléments naturels fondamentaux : la terre, l'eau, l'air et le feu. Chaque élément cherche sa place naturelle : la terre au centre, l'eau au niveau suivant, le feu et l'air dans les sphères supérieures. Tout cela constitue la « grande chaîne de l'existence » dans le cosmos, et cette chaîne va des objets inanimés aux êtres humains en passant par les plantes et les animaux. Ce qui est inorganique devient organique par le biais de la métamorphose : la nature procède graduellement mais régulièrement du degré le plus bas jusqu'au niveau de perfection et d'intelligence le plus élevé. Ce processus n'est pas accidentel : tout a une cause. Mais les causes n'existent pas sans leurs effets ; le stade ultime de la réalité, que Platon situait à un niveau plus élevé, résidait au contraire, pour Aristote, dans le monde naturel accessible à l'observation et au raisonnement.

Les Romains conservèrent et approfondirent les philosophies grecques, mais ils ne leur ajoutèrent rien de fondamentalement nouveau. Puis, après la conversion au christianisme de l'empereur Constantin, la quête de l'Empire byzantin pour accéder à la connaissance de la réalité dans son ensemble se transforma en quête religieuse. La connaissance se fondit sur la foi plutôt que sur la raison, sur la doctrine reçue plutôt que sur une recherche sans limitation. Après la chute de l'Empire, l'Europe médiévale confirma sa confiance en la foi plutôt qu'en la raison et en l'expérience vécue. Néanmoins, l'enseignement classique ne fut pas oublié, et, au XIIIe siècle, l'enseignement de Thomas d'Aquin montra l'harmonie qui existait entre la doctrine chrétienne et la philosophie naturelle d'Aristote.

La *Somme théologique* de Thomas d'Aquin était un résumé de la sagesse de son époque, exprimé en un système de pensée rigoureux et logique. Par la suite, même les intelligences et les esprits les plus raffinés de l'Europe médiévale n'éprouvèrent pas le besoin de chercher au-delà ; en fait de connaissance du monde, c'était ce que l'homme pouvait alors faire de mieux. S'il demeurait des mystères impénétrables, on pouvait imputer cet état de choses à la volonté de Dieu dont les voies sont insondables.

L'avènement de la science moderne

Avec la Renaissance et la Réforme, l'emprise des doctrines chrétiennes devint moins forte et la recherche prit son indépendance en franchissant les clôtures des monastères. On assista à des débats sur les réformes religieuses mais aussi sur l'humanisme. A la longue, la synthèse médiévale vola en éclats et un nouvel espace culturel s'instaura, au sein duquel purent s'épanouir de nouvelles idées. Parmi celles-ci, des tentatives en vue de rétablir les formes primitives du christianisme, et des mouvements qui tendaient à revivifier l'humanisme en le coulant dans le moule classique. Mais il y avait aussi des mouvements qui lançaient un défi au monopole que l'Église exerçait sur la connaissance et qui réclamaient avec insistance que la recherche fût empirique et indépendante. Galilée, Giordano Bruno, Copernic, Kepler et Newton furent les fers de lance d'une mutation culturelle qui devait se cristalliser par la suite pour constituer l'image du monde de la science moderne.

Peut-être plus que tout autre, Galilée doit sans doute être considéré comme l'initiateur de cette nouvelle vision du monde. Celui-ci, observé à l'aide d'instruments et décrit grâce aux mathématiques, ressemblait à un énorme mécanisme. Comme nous le montrent les lettres de Galilée, il « vivait dans l'anxiété » au milieu de la cacophonie du « grand orgue discordant de notre philosophie » ; et son but était de découvrir de nouvelles règles pour comprendre la nature, des règles si indiscutables et si immuables qu'elles ne pourraient être remises en question. Inspiré par la confirmation, grâce au télescope nouvellement inventé, que, comme l'avait dit Copernic, la Terre tournait autour du soleil, Galilée déclara que l'observation de la nature au moyen d'instruments aboutirait à une description quantitative débarrassée des passions qui divisent les hommes.

Un concept postulant que la nature dans son ensemble était « sourde et indifférente à nos vœux », qu'elle n'était influencée ni par les dogmes religieux ni par les émotions humaines, un tel concept avait beaucoup d'attrait en cette période de transition culturelle. L'Europe était mûre pour une vision du monde mécaniste, car il s'y répandait déjà certaines applications techniques de la mécanique : pendules, moulins à eau et à vent, arbres à cames, pompes, charrues et autres engins. En Europe, la culture profane admit la vision de Galilée, une vision qui tirait son origine de l'observation faite à l'aide d'instruments. Les calculs de Galilée amenèrent des améliorations dans la navigation, dans le domaine militaire en y accroissant l'efficacité ; et sa conception d'une science indépendante des valeurs correspondait au point de vue de Machiavel sur la politique, point de vue selon lequel les décisions se fondent sur un calcul dépassionné des forces et des intérêts.

La rupture entre la nature de la physique et le monde vivant

En dépit des persécutions infligées à Giordano Bruno et à Galilée lui-même, la science moderne prit son essor, poursuivit ses investigations indépendamment de l'autorité de l'Église et explora la nature du réel par l'observation et l'expérimentation. Étant donné le caractère rudimentaire des moyens et des instruments disponibles, les premières expérimentations donnèrent la préférence à des problèmes qui pouvaient se résoudre à l'aide de formules de base d'application universelle, par exemple les lois du mouvement fondées sur la vitesse et la trajectoire de corps en chute libre, ou le comportement de balles roulant le long de plans inclinés. La vision du monde donnée par la science moderne devint mécaniste, dépourvue d'esprit, par opposition au monde vivant. La science moderne, avec ses éléments de philosophie naturelle, se sépara de la philosophie morale, domaine immuable de la théologie chrétienne.

La vision mécaniste du monde dont Galilée et Giordano Bruno avaient été les pionniers connut son apogée dans l'admirable synthèse de Newton. En l'espace d'un siècle, la physique de Newton devint plus qu'une simple discipline. C'était un paradigme qui embrassait la totalité de la pensée et de l'action ; un paradigme qui vécut sans être remis en question pendant trois siècles. La force de cette synthèse provenait de la démonstration que de simples formulations mathématiques pouvaient conduire à des prédictions exactes en divers domaines liés à l'observation, par exemple la position des planètes, la trajectoire des projectiles et le mouvement de masses ponctuelles, dont on pensait qu'elles étaient les ultimes constituants de la réalité. Les lois du mouvement prouvaient que les corps matériels se déplacent selon des règles mathématiquement exprimables. Le mouvement est strictement déterminé par les conditions initiales ; c'est par exemple le cas pour l'accélération et l'angle de lancement d'un projectile. Si les conditions initiales sont spécifiées, le mouvement résultant peut être prédit avec précision.

La physique de Newton est devenue un système rigoureux, déterminé et puissant. Ses implications ont été exprimées dans la fameuse déclaration de Laplace :

« Soit une intelligence qui, à chaque instant, connaîtrait toutes les forces qui maîtrisent la nature, ainsi que les conditions actuelles qui sont celles des entités dont la nature est constituée. Si cette intelligence était suffisamment puissante pour soumettre toutes ces données à l'analyse, elle serait capable d'inclure en une seule formule les mouvements des plus grands corps de l'univers et ceux des atomes les plus légers ; pour elle, rien ne serait incertain ; l'avenir et le passé seraient également présents à ses yeux. »

L'univers était réduit à l'état de machine, une machine qui se conformerait aux lois du mouvement en exécutant avec précision les instructions qui lui auraient été données au commencement des temps. Une fois la machine lancée, rien n'était laissé au hasard, tout était prédéterminé. Et quand Napoléon avait demandé à Laplace où se trouvait Dieu dans ce système, il n'est pas étonnant que la réponse ait été, dit-on, que cette hypothèse n'avait pas de raison d'être.

La vision scientifique du monde, structurée d'après la mécanique classique, reposait sur le concept de masses ponctuelles se déplaçant dans l'espace et le temps. L'espace est tridimensionnel et « plat », c'est un espace euclidien, et le temps a été défini par Newton comme « un flot qui se déroule régulièrement tout au long de l'éternité ». En fait, le temps n'intervient pas dans les équations du mouvement énoncées par Newton : toute réaction qui peut progresser dans un sens peut aussi progresser en sens inverse. Cependant, ce facteur a créé une rupture, une brèche fatidique, décisive, par rapport à la conception scientifique du temps, entre l'évolution irréversible du monde vivant et la réversibilité des processus du monde physique.

Lorsque, au XIXᵉ siècle, Darwin publia *De l'origine des espèces*, ouvrage où il développait ses vues originales, l'univers mécaniste réglé comme une horloge aux rouages bien huilés était incapable de rendre compte de l'évolution du monde vivant. Si l'univers physique était un mécanisme éternel susceptible d'être décrit au moyen d'un petit nombre de lois physiques, la manière dont se produisent le changement et l'évolution des organismes et des espèces organiques demeurait un mystère. Il y avait sans doute en eux quelque principe *supra-* ou transphysique, comme l'« élan vital » suggéré par Henri Bergson.

Tout au long du XIXᵉ siècle, la science fut entravée par la contradiction toujours présente entre un monde mécaniste qui ne connaissait pas de changement irréversible, et un monde vivant qui allait toujours davantage vers l'ordre et la complexité.

En ce qui concerne le monde vivant, la doctrine créationniste, qui professait que les espèces n'évoluent pas mais sont la création privilégiée d'une intelligence suprême, constitua pour un temps un expédient commode. Linné, créateur du système de classification moderne de la botanique, se faisait l'écho de cette opinion quand il déclarait : « Il existe autant d'espèces que celles créées à l'origine par le Dessin infini. » La génération était le résultat d'actes de création accomplis par un Grand Architecte. Les physiciens eux-mêmes n'avaient rien à dire à propos de la vie et de son évolution, puisque leur science ne tenait pas compte des changements irréversibles qui sont à la base des processus de l'évolution.

Au XIXe siècle apparut une autre branche de la physique qui, contrairement à la mécanique classique, admettait l'irréversibilité du temps. Malheureusement, les processus à sens unique décrits dans la thermodynamique classique et dans la biologie de l'évolution ne s'accordaient pas. Dans la thermodynamique, la « flèche du temps » était dirigée vers le bas, vers des états de désorganisation soumis au hasard, tandis que dans la biologie darwinienne, elle était dirigée vers le haut, vers des niveaux toujours plus élevés d'organisation et de complexité. Les sciences de la nature se retrouvaient avec deux flèches du temps et un cadre physique qui n'incluait ni l'une ni l'autre.

La science dut attendre l'avènement de la thermodynamique des systèmes non équilibrés dans la deuxième moitié du XXe siècle et la nouvelle cosmologie pour reconnaître qu'il n'y a pas de conflit entre l'évolution biologique qui tend vers le haut et les processus physiques qui tendent vers le bas. Les systèmes qui évoluent ne sont pas fermés ; l'univers dans son ensemble n'est pas mécanique. Les processus cosmiques ne dirigent pas la flèche du temps vers un état où l'univers, privé de chaleur, connaîtrait une mort thermique ; et la vie n'est ni une aberration accidentelle, ni la manifestation de mystérieuses forces métaphysiques.

La « dématérialisation » de la nature

La voie qui menait la science vers une vision du monde unifiée se heurtait à un autre problème, un problème qui concernait la nature fondamentale de la matière elle-même. Au début du XIXᵉ siècle, la théorie atomiste de Démocrite fut redécouverte et remise en vogue par le chimiste anglais John Dalton. Celui-ci suggéra que tous les gaz sont constitués de petites unités indivisibles appelées atomes, ce qui provoqua une révolution dans le monde des sciences.

Mais le triomphe de la théorie atomiste fut de courte durée. Moins de cinquante ans après la publication de la théorie de Dalton, des expériences montrèrent que les atomes ne sont pas indivisibles, mais sont en fait constitués de particules encore plus petites. En tant que concept de base, la doctrine atomiste était infirmée. En fait, il n'y avait aucun moyen de la récupérer : puisqu'elle admettait que l'extension des atomes dans l'espace était d'une dimension finie, ceux-ci pouvaient toujours être ultérieurement divisés. Il est vrai qu'il fallut de puissants instruments de physique pour explorer la structure interne de l'atome, mais quand de tels instruments furent mis à la disposition des chercheurs, le noyau atomique lui-même se révéla divisible.

Puis un autre obstacle se présenta : les particules subatomiques apparues en divisant l'atome ne se comportaient pas comme des solides conventionnels ; outre leurs propriétés corpusculaires, elles manifestaient des propriétés ondulatoires.

La division de l'atome à la fin du XIXᵉ siècle, puis celle du noyau atomique au début du XXᵉ étaient en fait beaucoup plus que la fragmentation d'une entité physique. C'est tout l'édifice harmonieux de la philosophie de la nature qu'avaient conçue les Grecs qui s'écroulait. Alors que la physique expérimentale avait démoli la théorie qui affirmait que l'ensemble du monde réel est fait d'atomes indivisibles, elle était incapable de remplacer cette théorie par une autre qui soit aussi cohérente et chargée de sens. Dans le même temps, la philosophie jusque-là dominante, élaborée par des générations de penseurs scolastiques dans le vaste mouvement intellectuel dont les débuts remontaient au XIe siècle — synthèse de la philosophie aristotélicienne de la nature avec la doctrine chrétienne —, cette philosophie ne pouvait plus être considérée comme une vérité incontestée.

Les chercheurs réduisirent progressivement le champ de leurs spéculations pour se consacrer à des domaines spécifiques plus étroits où leurs théories s'appliquaient de façon plus nettement définie. Quelques philosophes, et quelques scientifiques à l'esprit ouvert, étaient encore désireux de s'aventurer au-delà de ces perspectives étroites, mais, durant les années 1920, ce qu'ils avaient devant eux était un monde nouveau dans lequel la matière elle-même, semblait-il, avait disparu. En fait, l'univers physique tout entier s'était apparemment dématérialisé. La physique quantique, avec son chef de file Niels Bohr, s'interdisait toute spéculation sur la nature en soi de ses objets d'observation, ces derniers n'étant, d'après elle, que de simples « phénomènes ». Les phénomènes, comme le remarquait Heisenberg, ne sont cependant pas des « œuvres » de la nature mais les « textes » de la science ; les objets de la physique de Newton semblaient avoir échappé à l'emprise de la science.

Quand les seules choses que connaît la science sont les « phénomènes » de Bohr, la réalité disparaît. Citons à nouveau Heisenberg : « Le physicien atomique doit se résigner au fait que sa discipline n'est qu'un maillon de la chaîne infinie du débat de l'homme avec la nature, et qu'il est impossible de parler simplement de la nature "en soi"[1]. » « Nous dépendons du langage, admettait Bohr, la physique concerne ce que nous pouvons dire à propos de la nature »[2]. « Le monde extérieur de la physique est devenu un monde d'ombres, écrivait Eddington, rien n'est réel, pas même notre propre épouse. La physique quantique amène le chercheur à croire que même son épouse est une équation différentielle complexe » (mais, ajoutait Eddington, il a probablement assez de tact pour ne pas imposer cette opinion dans sa vie conjugale)[3].

Bien qu'il leur fût interdit de s'interroger sur la nature du réel au-delà de ce qui en est observable, les physiciens quantiques sont néanmoins allés plus loin. Beaucoup se demandèrent si le monde auquel se réfèrent le langage et le « texte » de la science est mental plutôt que matériel. « Pour conclure brutalement », déclara Eddington, « le matériau dont est fait le monde est une construction de l'esprit[4] ». Jeans était du même avis : « ... Les preuves accumulées par diverses réflexions tendent de plus en plus à laisser penser que la réalité est mieux définie par le qualificatif de mental plutôt que par celui de matériel. » Et il ajoutait : « L'univers, semble-t-il, s'apparente davantage à une vaste pensée qu'à une vaste mécanique[5]. » Heisenberg, lui, en revenait à la philosophie de Platon. De même que Platon avait remplacé le matérialisme des philosophes présocratiques par le monde abstrait des idées et des formes idéales, de même remplaça-t-il le déterminisme et les certitudes du monde newtonien par l'incertain et le probable, et, non content de cela, inclut-il le fondement même de la réalité matérielle dans le domaine des formules mathématiques. Si les atomes ne sont pas des corps matériels, affirmait-il, alors ils présentent « une similarité formelle avec la racine $\sqrt{-1}$* en mathématiques[6] ». Si le monde est en fait construit comme une structure mathématique, il n'est plus nécessaire de se demander à quoi renvoie la formule.

On s'efforça toutefois d'esquiver le problème de la réduction du monde dans sa totalité à une ultime substance, matérielle ou idéale. La théorie de la matrice S énoncée en 1943 par Heisenberg (S signifie *scattering* : dispersion, diffusion) et celle du *bootstrap* énoncée en 1959 par Geoffrey Chew (théorie ainsi nommée pour mettre en évidence la notion selon laquelle la nature s'organise sans s'appuyer sur

---

* Une racine carrée négative étant une expression dépourvue de signification réelle.

aucune réalité ultime) affirmaient l'inutilité de la recherche d'une entité privilégiée qui eût été le fondement, la pierre angulaire de l'univers de la physique. Les équations du mouvement se heurtent à de telles incertitudes au niveau quantique qu'elles peuvent être tout à fait abandonnées. Après tout, faisait remarquer Chew, si on accepte la réalité du mouvement, cela signifie que l'on accepte l'existence d'une entité fondamentale qui est « en mouvement ». Or, il s'agit peut-être là d'une illusion. Et, si c'est le cas, il n'est sans doute pas nécessaire de découvrir des équations du mouvement pour expliquer les phénomènes physiques[7].

Ces théories ne présupposent pas un niveau fondamental de réalité à partir duquel se construit le reste. La nature est un ensemble, un tout sans couture, irréductible à quelque niveau fondamental que ce soit. Ce qui nous apparaît comme des particules, ce sont les constituants de cet ensemble ; ce sont les forces intermédiaires responsables de la cohésion de l'ensemble et aussi de sa composition. Au lieu de particules, ce sont seulement des « événements » qui se produisent dans le monde, en relation et en interaction mutuelles. Les relations *entre* les particules produisent le phénomène que constitue *une* particule ; les interactions des particules constitutives du tout définissent les attributs de chacune d'elles.

En 1973, Heisenberg évoqua avec conviction l'erreur de la « doctrine philosophique de Démocrite ». Chaque particule se définit à partir de toutes les autres particules, disait-il, et le concept de particule fondamentale peut être remplacé par le concept de symétrie fondamentale[8].

L'énigme persiste

Tandis qu'au cours de la seconde moitié de notre siècle de nombreuses contradictions entre le monde de la physique et le monde vivant étaient éliminées, aucune compréhension nette ne se fit jour sur la façon dont les ordres complexes auxquels nous sommes confrontés dans notre expérience immédiate auraient pu logiquement être engendrés par l'univers naturel — comment le « cosmos » aurait pu naître du « chaos ».

Une théorie complète du *bootstrap* aurait pu résoudre cette énigme, mais, comme Chew lui-même l'admit en 1968, il fallait encore considérer une telle théorie comme hors de portée de la science. En conséquence, non seulement les chercheurs n'étaient pas à même d'identifier les entités fondamentales qui étaient à la base de la diversité des phénomènes manifestes, mais ils étaient de surcroît incapables de dire si de telles entités existaient. La base de la réalité physique ne pouvait être un atome indivisible, pas plus qu'une masse ponctuelle dans l'espace et le temps. L'espace et le temps eux-mêmes devinrent des entités complexes, des protagonistes dynamiques, et non pas simplement le cadre passif de ce qui se produit au sein de l'univers.

En dépit des lumières qu'ont apportées en leur temps les synthèses des philosophes grecs, des érudits du Moyen Age, puis de Galilée et de Newton, la voie conduisant à une théorie capable d'expliquer de manière à la fois cohérente et logique les divers phénomènes du monde de l'expérience, cette voie s'est révélée ardue. Chaque synthèse a montré quelque défaut fondamental, et une synthèse satisfaisante reste encore à découvrir.

Cependant, les chercheurs contemporains, malgré la réputation de spécialisation à outrance qui est la leur, s'adonnent à cette quête avec une motivation et une intensité bien plus grandes qu'on aurait pu le supposer.

CHAPITRE 2

L'unification dans la nouvelle physique

Dans le champ scientifique de cette fin du XXe siècle, hormis quelques physiciens quantiques, peu de savants ou de chercheurs spécialisés dans les sciences de la nature se laissent vraiment perturber par la confusion semée par les découvertes récentes dans la représentation du monde. Quelle que soit la nature ultime du monde physique, matérielle ou idéale, ils s'efforcent de montrer qu'elle est unitaire. Les outils qu'ils emploient pour unifier la réalité physique ne sont pas les concepts philosophiques classiques de matière et de forme, mais les nouvelles mathématiques des champs et des forces. Leur objectif final est de montrer que les particules connues, ainsi que les champs de forces qui les sous-tendent, ont une cohérence et une unité intrinsèques. Pour le démontrer les physiciens n'hésitent pas à créer des « théories de la grande unification » (ou GUT, sigle formé à partir de l'anglais *Grand Unified Theories*), voir des super GUT, pourvues de supercordes et de cordes cosmiques, de supersymétries et de superespaces, d'univers à dix ou vingt-trois dimensions.

Le concept original de monde physique unifié par le biais des mathématiques est dû à Einstein.

Dans sa théorie de la relativité générale, Einstein a montré que la force de gravité n'est rien de plus que la courbure de l'espace-temps. Les planètes se déplacent sur des trajectoires courbes et les projectiles tombent non parce qu'ils quittent la ligne droite qui est leur trajectoire normale — en fait, ils se déplacent de manière parfaitement régulière — mais parce qu'ils se déplacent dans un espace-temps qui est lui-même courbe. La gravité est réduite à de la géométrie et cette géométrie résulte, à son tour, de la combinaison de la matière et de l'énergie dans l'univers. Mais d'autres forces agissent sur la matière, en particulier l'électricité et le magnétisme. Ces forces pourraient-elles, elles aussi, être réduites à la géométrie de l'espace-temps ? Et si une force n'est rien d'autre qu'une géométrie courbe, qu'en est-il alors de la matière ? Est-il possible que les corps matériels ne soient rien de plus que les creux, les bosses, les nœuds de la géométrie ? Telle était la substance du rêve d'Einstein.

Mais le rêve ne se réalisa pas, et nous savons aujourd'hui pourquoi. La nature ne consiste pas en deux forces seulement, la gravitation et l'électromagnétisme, mais bien en quatre forces, puisqu'il faut également tenir compte des forces nucléaires forte et faible. Toute théorie qui prétend décrire la nature de la matière est obligée de tenir compte des forces nucléaires et doit donc être exprimée dans le langage de la théorie des quanta. Bien que l'on ait émis l'idée de l'existence d'une nouvelle « cinquième force » dans la nature, la plupart des physiciens sont persuadés que les quatre forces peuvent en fait être unifiées en une seule « super grande force ». C'est cette force, estiment-ils à présent, qui prédominait aux tout débuts de l'univers avant de se différencier en ses quatre aspects : gravité, électromagnétisme, forces nucléaires faible et forte.

La quête de l'unification se heurta à davantage de problèmes qu'Einstein lui-même ne l'aurait soupçonné : la nature du monde physique se révéla plus complexe encore que les physiciens ne l'avaient supposé. Non seulement il existe quatre forces universelles et non deux, mais il y a aussi au moins deux cents particules « élémentaires » de plus en plus bizarres, sans compter les quarks dont on suppose qu'ils sont les constituants de base de ces particules.

L'unification des particules

Depuis le début de ce siècle, chaque année a fait progresser toujours davantage la connaissance détaillée de la structure interne de l'atome et a rendu de plus en plus complexe la théorie atomique et subatomique. La division de l'atome fut réalisée à la fin du XIXe siècle, et on savait que les électrons se trouvaient sur des orbites énergétiques. Mais personne ne soupçonnait combien de particules différentes allaient apparaître par la suite. Les découvertes importantes furent faites grâce aux accélérateurs de particules. La mise en service de chaque nouvel accélérateur, plus puissant que ses prédécesseurs, permettait d'effectuer toute une nouvelle série de collisions de particules, lesquelles produisaient à leur tour des multitudes de particules nouvelles*.

---

* En 1918, Ernest Rutherford avait créé la première réaction nucléaire artificielle au monde en bombardant une cible au moyen de particules alpha (le noyau de l'atome d'hélium). Mais il fallut attendre le début des années 1930 et l'apparition des premiers vrais accélérateurs de particules élémentaires pour obtenir une preuve plus détaillée de l'existence de ces particules. En 1931, le physicien américain Robert J. Van de Graaff se servit de l'application du principe de l'électricité statique pour produire un potentiel de plus d'un million de volts qu'il utilisa pour accélérer un faisceau de particules élémentaires. Et un an plus tard, en 1932, John Cockcroft, natif du Yorkshire, et l'Irlandais Ernest Walton utilisèrent leur propre accélérateur de particules élémentaires pour étudier la fission nucléaire. Dans les deux cas, les particules élémentaires étaient accélérées et atteignaient des états d'énergie plus élevés par projection au travers d'un champ électrique. Mais cela marchait au coup par coup et la particule chargée électriquement ne restait qu'un bref moment dans le champ.

L'Américain Ernest O. Lawrence eut donc l'idée d'utiliser des aimants pour que les particules décrivent une trajectoire circulaire dans le champ électrique, acquérant ainsi à chaque passage une vitesse de plus en plus élevée. Avec l'aide de Stanley Livingstone, Lawrence construisit toute une série d'accélérateurs. Le premier avait un diamètre qui n'excédait pas quelques centimètres, mais néanmoins, il était capable d'accélérer fortement les protons qui atteignaient ainsi de grandes vitesses avant de s'envoler pour frapper leur cible. Lorsque Lawrence et Livingstone construisirent un instrument capable de produire un

Dans les années 1920, on ne connaissait que trois particules subatomiques : le photon, l'électron et le proton. Ernest Rutherford suggéra alors qu'une autre particule, le neutron, était certainement présente dans le noyau. Quand l'existence de cette particule fut confirmée par l'expérimentation, la liste des particules élémentaires avait commencé à s'allonger. En 1930, l'existence du neutrino fut suggérée par Wolfgang Pauli au cours d'un débat théorique visant à expliquer les résultats de quelques expériences déconcertantes portant sur la désintégration des noyaux radioactifs. Vingt-cinq ans après, l'existence du neutrino fut expérimentalement vérifiée.

Si, grâce à l'avènement de la théorie des quanta, l'orbite électronique externe de l'atome était relativement bien connue, en revanche, le noyau, lui, demeurait mystérieux. Quelle force était responsable de sa stabilité ? Le physicien japonais Hideki Yukawa suggéra la présence d'une nouvelle particule élémentaire. Puisque sa masse devait être comprise entre celle du proton et celle de l'électron, elle reçut le nom de méson. Les protons et les neutrons seraient constamment en train d'échanger des mésons, telle était l'hypothèse de Yukawa, et c'étaient ces échanges qui maintenaient la stabilité du noyau.

Mais lorsque les chercheurs se lancèrent expérimentalement à la recherche du méson, ils découvrirent non pas une particule, mais une famille entière qui inclut des particules appelées muons et pions.

A mesure que l'on construisait des accélérateurs de particules de plus en plus puissants et que les physiciens

million d'électronvolts (MeV), ce fut la première étape vers la construction d'accélérateurs de plus en plus grands et de plus en plus puissants. Depuis l'« ancêtre » des années 1930 qui mesurait une dizaine de centimètres, les accélérateurs d'aujourd'hui, cyclotrons, synchrotrons et autres accélérateurs linéaires, n'ont cessé de se perfectionner. A présent, ils occupent des kilomètres de tunnels souterrains et engendrent non pas un million, mais des centaines de milliards d'électronvolts (GeV, ou giga-électronvolts).

utilisaient des fusées pour étudier les collisions nucléaires mettant en jeu les rayons cosmiques (collisions situées au-dessus de l'atmosphère terrestre) de nouvelles séries de particules élémentaires apparurent. Certaines furent découvertes après avoir été prévues par des théories spécifiques, d'autres constituèrent une surprise totale. Certaines avaient une longue vie à l'échelle atomique, d'autres disparaissaient presque tout de suite après leur apparition.

Les premières particules élémentaires — l'électron, le proton, le neutron et les premiers mésons — étaient apparues comme prévu et n'entraient pas en contradiction avec les théories atomiques qui avaient cours à l'époque. Mais, tandis que les physiciens portaient l'expérimentation à des niveaux d'énergie de plus en plus élevés, les observations ne concordaient plus avec la théorie. Par exemple, alors que la théorie affirmait que des particules issues d'un échange avaient une durée de vie incroyablement brève de 10^{-23} secondes, durée à peine suffisante pour qu'un rayon de lumière traverse une particule élémentaire, l'expérience montrait que ces particules avaient une durée de vie de 10^{-10} secondes, durée suffisante pour que la lumière parcoure la longueur d'une pièce. Puisque ces particules vivent dix billions de fois plus que prévu et qu'elles sont toujours produites par paires, les physiciens nommèrent ces particules « strange » (étranges). Ce furent les premières arrivantes de ce que l'on nomma par la suite la « ménagerie » des particules.

Afin de mettre un peu d'ordre parmi les hôtes de cette ménagerie, Murray Gell-Mann suggéra de classer les particules par groupes de huit (c'était une allusion à la « Noble Octuple Voie » de Bouddha). Ce classement présuppose que les particules sont faites d'une entité plus fondamentale encore que Gell-Mann baptisa « quark »[1]. A l'origine, on pensait qu'il y avait trois variétés de quarks : *up, down,* et *strange.* Le proton est composé de trois quarks, deux *up* et un *down* ; le neutron de deux *down* et un *up* ; les particules d'échange ont en plus un quark *strange.* Cela résolvait le difficile problème du groupement des particules. Car tandis que les leptons (particules de faible masse, comme l'électron) se répartissent de façon cohérente en « groupes symétriques », ce n'est pas le cas des hadrons (particules lourdes, comme les protons et les neutrons). Mais si chaque hadron est composé de trois quarks, alors la famille des hadrons peut elle aussi être considérée en termes de combinaisons de quarks. En fin de compte, trois quarks, ce n'était pas assez, et comme d'autres particules furent découvertes, la famille des quarks s'accrut jusqu'à six membres.

L'unification des forces

Le classement de cette multitude de particules en groupes symétriques cohérents fut une réalisation importante, mais l'unification véritable requérait également que les forces représentées par les particules soient elles aussi unifiées. Au cours de ces dernières années, la portée et la logique de l'unification des forces de l'univers sont devenues la pierre de touche des tentatives faites pour élaborer les théories et les superthéories de la grande unification.

Il s'agit d'unifier les quatre forces universelles actuellement reconnues : la gravitation, l'électromagnétisme et les interactions faible et forte qui s'exercent au sein du noyau. Il y a une cinquantaine d'années, Einstein chercha, comme nous l'avons mentionné, à créer une théorie du champ unifié en démontrant l'identité de la gravitation et de l'électromagnétisme. La nouvelle physique relève à nouveau le défi complexe de la théorie du champ unifié en cherchant à unifier les quatre forces en un continuum unique appelé champ de la « supergrande unification ».

Cette théorie unifiée se fonde sur l'idée que les particules élémentaires sont des quanta fixés au sein de ces champs de forces. L'intensité du champ en un point spécifique donne la probabilité statistique de trouver des quanta à cet endroit. En un sens, les particules sont engendrées par des variations de l'intensité du champ. L'univers physique est décrit en termes de champs qui obéissent aux lois de la relativité et à la mécanique quantique. Les photons, les électrons, les nucléons et toute la ménagerie des particules ne sont que la conséquence de la dynamique quantique du champ. Cette conception révolutionnaire a donné lieu à une modification profonde de notre vision du monde. Steven Weinberg n'hésitait pas à affirmer que ce sont les champs qui créent l'univers ; les particules étant réduites au statut d'épiphénomènes[2].

Les bases de la théorie des champs quantiques ont été jetées au cours des années 1920 et 1930 par des pionniers comme Jordan, Wigner, Dirac, Born, Pauli, Fermi et Heisenberg, pour ne citer que ceux-là. La forme élaborée de la théorie, connue sous le nom d'électrodynamique quantique (EDQ), vit le jour dans les années 1940. Ce qu'elle prédisait se vit confirmer de façon spectaculaire au cours des expériences sur les hauts niveaux d'énergie qui furent réalisées au milieu du siècle. Comme les physiciens réussissaient à expliquer des processus disparates grâce au concept de champ, d'autres théories du champ quantique suivirent, marquant diverses étapes dans l'unification des forces physiques de la nature.

La première découverte capitale survint lors de l'unification de la force nucléaire faible avec l'électromagnétisme. Jusque-là, la force nucléaire faible semblait se comporter d'une manière très différente de l'électromagnétisme. Des physiciens théoriciens comme Sidney Sheldon, Steven Weinberg et Abdus Salam démontrèrent que ces deux forces différentes constituent en fait deux aspects d'une seule et unique force : la force électro-faible. On estime à présent qu'aux tout débuts de l'univers, il n'y avait pas de distinction entre électromagnétisme et force nucléaire faible. Mais, à mesure que l'ordre prenait place dans l'univers, cette symétrie parfaite se brisa et se différencia en deux formes, la force électromagnétique à long rayon d'action et la force nucléaire faible à très court rayon d'action.

L'unification ultérieure put être réalisée grâce à une

meilleure compréhension de la force nucléaire forte. En effet, avant l'avènement des quarks, on supposait que les particules intermédiaires (les mésons) s'échangeaient sans cesse entre les hadrons et que cet échange était à l'origine de la force nucléaire forte. Cependant, avec la théorie des quarks, il fallut concevoir une force entre les quarks eux-mêmes. Il s'avéra que cette force pouvait s'exprimer mathématiquement, d'une manière tout à fait analogue à la force électromagnétique. Bien que la force s'exerçant entre les quarks ne fût pas encore unifiée à la force faible, elle paraissait assez similaire. Par analogie avec l'électrodynamique quantique, la théorie qui réalisa cette unification fut appelée chromodynamique quantique (CDQ).

La première étape de la grande unification consista à présenter une théorie intégrée unique des forces nucléaires forte et électro-faible, intégrant les leptons et les hadrons qui constituent la matière de l'univers. L'étape suivante serait d'élargir cette théorie pour y inclure également la gravitation. La force nucléaire forte a été exprimée au moyen d'une nouvelle particule appelée le gluon, tandis que la force électro-faible est le produit du photon et des particules W et Z. Pour inclure la gravité, il fallut une nouvelle particule quantique, le graviton.

La quantification du champ gravitationnel se heurta à des difficultés théoriques. La théorie de la gravité d'Einstein est une théorie qui s'applique à la géométrie de l'espace-temps, et on se demandait : comment peut-on rendre « quantique » la géométrie ? Bien plus, rien ne prouvait que les gravitons existaient réellement, d'autant que les calculs fondés sur ces particules menaient à des résultats infinis. Une théorie quantique de la gravité nécessitait une approche différente des premières tentatives effectuées en direction d'une théorie du champ quantique. Il fallait avoir recours à de nouvelles et prétendues « symétries », et celles-ci revêtaient des formes toujours plus ésotériques.

La découverte capitale fut l'élaboration mathématique de ce que l'on nomme la supersymétrie. La théorie du champ quantique qui l'inclut devint la théorie de la « supergravité quantique ».

Les nouvelles abstractions

La supergravité quantique unifiait auparavant des particules disparates : les fermions et les bosons. Alors que les fermions, comme les hadrons et les leptons, peuvent être regroupés en familles, et ces familles regroupées entre elles, les physiciens ont toujours admis qu'il y avait séparation absolue entre les fermions et les bosons. Les premiers, après tout, étaient de la « matière », et les seconds, des « forces ». Mais certains théoriciens proposèrent un moyen de les intégrer grâce à un artifice mathématique, la supersymétrie. En utilisant un « superespace », il était possible d'établir un rapport entre les bosons et les fermions puisque, dans les dimensions les plus grandes de cet espace, l'un pouvait être le reflet de l'autre. Le problème, c'est qu'aucun des bosons connus ne pouvait en fait agir comme l'image en miroir supersymétrique d'aucun fermion connu, et vice versa. On ne pouvait établir un rapport entre les fermions et les bosons qu'à condition d'introduire toute une nouvelle série de particules : pour chaque boson et chaque fermion connus, il fallait un nouveau partenaire supersymétrique.

Les particules supersymétriques avaient levé le principal obstacle de l'unification de la gravitation avec la force électro-faible. De même que les photons avaient des partenaires qui étaient leur image-miroir, appelés photinos, et que les quarks avaient les squarks, un « gravitino » fermion pouvait être ajouté au « graviton » plus conventionnel. Cela autorisait les théoriciens à poser comme principe une force unifiée appelée « supergravité ».

Il apparut que les masses des partenaires supersymétriques devaient être plus élevées que celles de leur particule en image-miroir. Or, la création d'une particule de masse élevée

nécessitant une très grande quantité d'énergie, les accélérateurs de particules élémentaires d'aujourd'hui seraient incapables de produire les conditions susceptibles de permettre
l'observation de telles particules massives.

D'un seul coup, le nombre des particules élémentaires
avait doublé. L'unification avait été réalisée mais la théorie
avait pénétré, au-delà de la vérification expérimentale, dans
des domaines mathématiques où seules la cohérence et la
logique fonctionnent comme critères de validité.

La théorie de la supersymétrie, même dans les plus
élaborées de ses multiples versions, n'était pas exempte de
problèmes. Non seulement elle prédisait une multitude de
nouvelles particules dont aucune ne serait observable (bien
que certains physiciens pensent qu'il serait possible de
détecter des photinos dans les collisions effectuées à haute
énergie entre les électrons et les positrons, ou entre les
protons et les antiprotons), mais elle réservait une autre
surprise : il lui fallait onze dimensions pour fonctionner !
L'innovation révolutionnaire d'Einstein d'ajouter une quatrième dimension, le temps, aux trois dimensions de l'espace
qui nous sont familières, paraissait bien timide, comparée à
la suggestion d'ajouter sept dimensions aux quatre qui
existaient déjà dans l'espace-temps.

Les physiciens se mirent au travail en se servant de
mathématiques complexes pour « compactifier » les sept
dimensions supplémentaires du superespace afin de pouvoir
faire coexister logiquement la théorie de la supersymétrie
avec les quatre dimensions de la théorie de la relativité. On
admettait que les sept autres dimensions existaient mais
étaient « enroulées », de sorte que leur effet ne serait pas
visible, même à l'échelle des particules élémentaires. Mais
il apparut bientôt que cet effort était voué à l'échec : il n'y
avait pas moyen de réduire sept des onze dimensions sans
compactifier aussi les quatre autres, réduisant ainsi l'univers
issu de cette théorie à zéro dimension...

Les supercordes

Pendant un certain temps, il sembla que l'entreprise de la grande unification dût être abandonnée. Mais une jeune génération de physiciens eut alors une autre idée, plus ésotérique encore que la supersymétrie. Joel Scherk suggéra que les particules sont en effet des cordes tournant sur elles-mêmes et vibrant dans l'espace. Tous les phénomènes connus de nature physique pourraient être constitués à partir de différentes combinaisons de ces vibrations, à la manière dont un morceau de musique est fait des diverses vibrations des cordes des instruments de musique.

L'idée que des cordes tournant et vibrant seraient un concept fondamental pour notre compréhension de la nature remonte aux années 1960. A cette époque, Gabriel Veneziano avait suggéré que, lorsque des particules élémentaires sont rangées par ordre de masse, elles forment un schéma comparable à celui de notes ou de résonances. D'autres physiciens furent plus tard frappés par l'idée que les résonances pourraient être produites par des corps minuscules, quelque chose comme des cordes vibrantes qui auraient la taille de particules.

La théorie des cordes de Scherk se révéla compatible avec la théorie des quarks de Gell-Mann. La nouvelle théorie expliquait pourquoi les quarks ne sont pas observables dans la nature : c'est pour la même raison qu'une corde ne peut jamais avoir une seule extrémité. Quand on coupe une corde, on crée de nouvelles extrémités ; de la même façon, lorsque des hadrons sont partagés, au lieu de quarks isolés, ce sont des quarks réunis par paires qui apparaissent.

En 1976, Scherk, Fernandino Gliozzi et David Olive montrèrent que la supergravité peut être introduite dans la théorie des cordes, ce qui donna la « théorie des supercordes ». Ici, les cordes-particules vibrent dans un superespace doté d'un grand nombre de dimensions[3]. Cependant, le triomphe réel de la théorie se situa au milieu des années

1980, quand les théories de la supersymétrie semblèrent infirmées par le problème de la compactification. John Schwartz et Michael Green furent capables de montrer qu'une théorie des supercordes dans un espace à dix dimensions était parfaitement compatible avec un espace-temps à quatre dimensions ; elle ne se heurtait pas aux précédents problèmes de compactification. Les nouvelles supercordes étaient plus petites que les cordes de la théorie originelle : elles avaient une taille de 10^{-33} cm (longueur de Planck), et non des dimensions plus importantes comme celles des particules élémentaires.

La théorie des supercordes se heurte encore à certains problèmes, et son concept de base lui-même n'est pas universellement accepté par la communauté des physiciens. Toutefois on croit de plus en plus que par un moyen ou un autre la grande unification sera découverte un jour ; peu de spécialistes des particules et des champs contesteraient qu'à la longue, toutes les forces et toutes les particules de l'univers pourront être unifiées au sein d'une théorie unique.

La nouvelle physique ne semble pas se préoccuper outre mesure de ce qu'une telle théorie sera sans nul doute plus abstraite que n'importe quelle conception du monde jusqu'ici envisagée dans l'histoire de la pensée scientifique.

CHAPITRE 3

Le facteur manquant

Où en sont effectivement les physiciens dans leurs tentatives d'unifier la représentation scientifique du monde? Pour répondre à cette question, nous pourrions essayer d'établir un bilan préliminaire.

D'un point de vue positif, la nouvelle physique a produit des résultats remarquables à la fois par leur portée et par leur précision mathématique. Une nouvelle représentation du monde est apparue, une représentation hautement unifiée. Un ensemble logique et cohérent d'entités abstraites à représenter concrètement a remplacé la notion classique d'atomes matériels passifs se déplaçant sous l'influence de forces extérieures. Dans ce schéma, les particules et les forces de l'univers tirent leur origine d'une seule et unique « super grande force unifiée » et, bien qu'elles se séparent en événements dynamiques distincts, elles continuent d'interagir les unes sur les autres. L'espace-temps est un continuum dynamique dans lequel toutes les particules et toutes les forces sont chacune des éléments constitutifs. Chaque particule, chaque élément affecte tous les autres. Il n'y a pas de forces extérieures ni d'entités séparées, seulement des groupes de réalités qui interagissent et possèdent des caractéristiques différenciées.

L'expérience des théories du *bootstrap* et de la matrice S montre que l'auto-organisation par le biais de relations mutuellement constitutives est susceptible de constituer la clé d'une compréhension privilégiée de l'univers, même si l'idée que l'auto-organisation renvoie à quelque « insondable » réalité, mystérieuse et peut-être idéale, se révèle sans fondement.

Les physiciens n'essaient plus d'expliquer le monde en termes de lois du mouvement régissant le comportement des particules individuelles. C'est important, car il est peu probable que des phénomènes d'un niveau de complexité égal à celui de la vie puissent être décrits au moyen d'équations centrées uniquement sur le mouvement des plus petits blocs constitutifs de l'univers, quel que soit le degré d'unification de ces entités et des lois qui les régissent.

Se concentrer sur le niveau élémentaire de la réalité est vain — c'est l'héritage d'une théorie classique qui s'efforçait de tout expliquer en se référant à une combinaison des propriétés des entités les plus petites, que l'on a longtemps pensé être les atomes. Les nouveaux physiciens n'affirment plus que la nature peut être expliquée en termes de groupes d'entités fondamentales, même si ces entités ne sont pas des atomes mais des quarks, des particules issues d'un échange, des supercordes, ou d'autres entités mathématiques et abstraites.

La représentation de base qui apparaît à présent est celle d'un univers d'interactions qui s'auto-organise. Cette représentation a des chances de rester valable, en dépit du fort degré d'usure des hypothèses qui en rendent compte. On a du mal à concevoir comment la physique pourrait en revenir à un univers d'objets matériels et de forces dynamiques séparés ; à une mosaïque d'événements en équilibre extérieur, sans rapport les uns avec les autres.

D'un point de vue négatif, la nouvelle représentation est excessivement abstraite et son interprétation est dépourvue de sophistication. A l'heure actuelle, les physiciens sont trop occupés à concevoir les mathématiques qui unifieraient les phénomènes observés pour s'aventurer plus loin dans les implications de leurs formules, et la plupart des philosophes, qui traditionnellement analysent et intègrent le savoir de leur époque, ont gardé leurs distances par rapport aux idées nouvelles. Le manque de réflexion en profondeur apparaît à l'évidence : dans le premier élan irréfléchi de la réussite, certains physiciens ont prétendu que leurs théories pouvaient tout expliquer (ils les appellent des TOE : *theories of everything* : théories de tout). Cela constitue une exagération considérable.

Le problème, avec les nouvelles théories, c'est qu'elles ne peuvent expliquer de façon satisfaisante la structuration progressive de la matière, ou plus exactement des hadrons et des leptons qui peuplent l'univers. Nos observations quotidiennes fournissent la preuve évidente que la matière existe non seulement dans les étoiles et les galaxies, structures de l'espace-temps cosmique, mais aussi dans les cellules, les organismes, les écosystèmes vivant à la surface d'au moins une planète. Les hadrons et les leptons qui constituent les étoiles et les galaxies constituent aussi le corps et le cerveau des êtres humains qui les observent. L'univers physique crée les configurations intégrées au travers desquelles il se contemple lui-même. En revanche, la nouvelle physique a été jusqu'à maintenant incapable d'aller au-delà de la description des propriétés et des interactions des atomes et des molécules, de montrer *comment les atomes et les molécules qui interagissent engendrent les divers phénomènes du monde qui nous entoure.*

Or, dans une véritable vision unifiée du monde, l'édification progressive de configurations toujours plus complexes et plus intégrées de particules doit constituer un trait essentiel.

Demander que les plus avancées des « GUT » soient des « TOE » n'est pas recevable, car en l'état actuel de la physique, il y a un « facteur manquant ». C'est l'impossibilité d'expliquer l'accroissement des niveaux transphysiques de complexité dans l'espace et dans le temps. On a pratiquement renoncé à l'espoir de concevoir une théorie de *bootstrap* universelle qui rendrait compte de l'auto-organisation progressive, non seulement dans le domaine de la physique mais aussi dans celui de la vie, et aucune autre théorie de la nouvelle physique n'est susceptible de pénétrer de façon convaincante au-delà du niveau purement physique du cosmos. A juste titre Stephen Hawking faisait remarquer que, bien que le but de la physique soit une compréhension totale de tout ce qui nous entoure, y compris notre propre existence, elle n'est pas parvenue à résoudre les problèmes posés par la chimie et la biologie — et la possibilité de créer un ensemble d'équations capables de rendre compte du comportement humain reste encore un projet inaccessible[1].

Se pourrait-il qu'une théorie telle que celle-là se situe non seulement au-delà de la physique, mais aussi au-delà de la science dans son ensemble ? Peut-être que non. Bien que les lois physiques capables d'expliquer la formation progressive de la matière depuis les quarks jusqu'aux organismes ne soient pas faciles à trouver, cela n'implique pas la non-existence de lois scientifiquement formulables capables de fournir une telle explication. Il est trop facile de faire de ce problème un problème métaphysique, ou de s'en débarrasser en décrétant que les phénomènes de la vie se produisent au hasard à partir de leurs constituants physiques. Affirmer que les molécules, les cellules et les tissus qui constituent la vie telle que nous la connaissons seraient le résultat d'accidents fortuits est tout aussi dénué de fondement que de considérer qu'ils sont soumis à l'action de principes transcendants. Une théorie physique véritablement unifiée doit appréhender la complexité et l'auto-organisation de la nature avec plus de logique que ne le font le hasard ou la métaphysique.

Une théorie capable de rendre compte des lois qui régissent le comportement de la matière dans l'univers devrait être possible, mais sa formulation est susceptible de transcender les possibilités actuellement à la disposition de la physique. Le fait est que les domaines d'organisation supérieurs de la nature n'appartiennent plus à celui de la nature physique. Il n'y a donc pas de raison que nous attendions surtout ou uniquement des physiciens qu'ils cherchent et élaborent de telles lois. D'autre part, nous pouvons et devons nous attendre à ce que les physiciens admettent que de telles lois constituent une condition obligatoire pour toute théorie qui mérite d'être appelée « GUT » — pour ne pas parler d'une TOE. *Les lois d'auto-organisation ne sont pas d'obscurs ou insignifiants dérivés de la physique des particules élémentaires et des forces universelles : elles constituent forcément des éléments de base de l'univers naturel.*

CHAPITRE 4

A la recherche du facteur manquant

La théorie véritablement unifiée que nous recherchons doit fournir les lois d'auto-organisation de la nature, des quarks aux galaxies et des amibes aux écosystèmes. Il serait prématuré, au cours de la dernière décennie du XXe siècle, d'attendre que de telles lois soient formulées avec la rigueur mathématique qui est celle, par exemple, des lois du mouvement et de la gravitation ; mais il est raisonnable de rechercher le principe même qui sous-tendrait les lois et conduirait en fin de compte à leur formulation rigoureuse. Par rapport aux lois de l'auto-organisation universelle dans la nature, le principe fondamental est celui qui montre comment l'ordre naît dans l'univers par une série d'étapes. Ainsi, le principe que nous cherchons est un principe d'évolution, plus exactement un principe d'évolution *ordonnateur*.

La compréhension de l'évolution — au sens large du terme, en ce qu'il n'est pas limité à la seule évolution de la vie — nous fournit un moyen de passage valable pour aller, au-delà de la physique, jusqu'aux sciences de la vie, y compris les sciences humaines et sociales. Une théorie comme celle-là montrerait comment les combinaisons de particules subatomiques produisent les structures atomiques, puis moléculaires ; comment ces structures moléculaires s'agencent pour former les blocs fondamentaux qui constituent la vie ; et comment les proto-êtres vivants qui en résultent s'assemblent en structures encore plus vastes pour former les organismes, qui à leur tour constituent des systèmes sociaux et écologiques dans une biosphère (et peut-être une biosociosphère) à l'échelle planétaire. Ce serait une théorie de l'« évolution » au sens général du terme, autrement dit une « théorie de l'évolution générale »[1].

Jusqu'à ces dernières décennies, les théories de l'évolution générale étaient l'œuvre de philosophes qui comblaient les lacunes de la connaissance scientifique au moyen de leurs intuitions et de leurs spéculations. Bien qu'ils fussent en avance sur leur temps, des ouvrages comme *L'Évolution créatrice* de Bergson, les *Premiers Principes* de Herbert Spencer, *Espace, Temps et Divinité* de Samuel Alexander, et *Changement et Réalité* d'Alfred North Whitehead sont des monuments de la pensée évolutionniste. Mais, récemment, sont apparus des concepts et des théories qui ont fait de l'évolution un phénomène quasi universel ne relevant plus seulement du domaine de la spéculation philosophique, mais accédant au statut d'une science exprimée mathématiquement et corroborée par l'expérimentation. C'est là que Ilya Prigogine, Prix Nobel de chimie et de thermodynamique, se taille la part du lion. Prigogine a été l'un des premiers à aborder scientifiquement l'étude des lois générales de l'évolution. Un système vivant, disait-il, n'est pas comme un mécanisme que l'on peut expliquer par de simples relations causales entre ses différentes parties ; dans un organisme, chaque organe et chaque processus est fonction de l'ensemble. Il faut aussi, ajoutait Prigogine, avoir un point de vue similaire en ce qui concerne les sciences de la société. La théorie de l'évolution irréversible des systèmes thermodynamiques ouverts s'applique à la chimie physique, aux systèmes biologiques aussi bien qu'aux systèmes humains.

La thermodynamique classique, comme nous l'avons vu au chapitre premier, se préoccupe de la transformation, dans les systèmes clos, de l'énergie libre en chaleur inutilisée : en conséquence, l'ordre est rompu et fait place au hasard. Mais, au cours des années 1930, les spécialistes de thermodynamique avaient déjà commencé à explorer de nouvelles approches. L'étude de Lars Onsager, *Relations réciproques dans les processus irréversibles* (1931), indiquait une voie nouvelle, celle des processus irréversibles qui, plutôt que de se rapprocher de l'équilibre, s'en éloignent. En 1947, Prigogine consacra sa thèse de doctorat au comportement des systèmes éloignés de l'état d'équilibre, et au début des années 1960, le physicien israélien Aaron Katchalsky, avec le physicien américain P. F. Curran, mit au point la base mathématique de la thermodynamique des systèmes hors équilibre. Ces chercheurs affirmaient qu'en se concentrant sur les changements progressifs dans les systèmes fermés, la thermodynamique avait fait fausse route en ne tenant pas compte des systèmes réels, lesquels sont des systèmes ouverts éloignés de l'état d'équilibre évoluant de façon non linéaire.

Le fonctionnement d'un système ouvert qui n'est pas en équilibre absorbe de l'énergie libre et dégage de l'entropie. Comme l'avait fait remarquer Erwin Schrödinger dans les années 1950, « la vie se nourrit d'entropie négative » (ou néguentropie).

Selon les termes de Prigogine, les structures qui dégagent de l'entropie s'ordonnent et s'organisent en puisant de l'entropie négative dans le flux d'énergie où elles sont plongées. Un système ouvert peut absorber davantage de néguentropie qu'il n'en dégage. Dans ce cas, il croît et évolue. Ce processus est un exemple du principe de l'« ordre survenant à la suite d'une fluctuation » ; c'est en fait le principe ordonnateur de base qui sous-tend la théorie de l'évolution générale de Prigogine[2].

Les fluctuations se produisent parce qu'aucun système ouvert ne peut être entièrement stable. Les états de tels systèmes fluctuent toujours aux alentours des valeurs qui définissent leurs paramètres caractéristiques. Un organisme à sang chaud, par exemple, n'est jamais exactement à la température définie comme « normale », mais, s'il est sain et bien portant, sa température varie autour de la valeur normale. Dans les systèmes ouverts, il peut se produire des perturbations qui donnent naissance à de plus grandes fluctuations. Quand de telles fluctuations atteignent un niveau critique, les systèmes ne peuvent plus opérer de régulation en vue de revenir à leur état normal où les fluctuations sont amorties. Un système déstabilisé au-delà du seuil critique ou bien se désintègre — il « meurt » — ou bien évolue. Les individus appartenant aux espèces organiques mourront tôt ou tard, tandis que les espèces, elles, ne s'éteindront pas forcément : leur population peut subir une mutation et évoluer.

Le processus d'évolution se déclenche quand une fluctuation critique force le système à adopter un autre régime dynamique. Le nouvel ordre s'établit dans l'interaction des fluctuations critiques pendant le changement de phase crucial qui se produit à un moment d'instabilité. Si le système évolue plutôt qu'il ne régresse, une au moins parmi les nombreuses fluctuations possibles doit alors se diffuser d'une manière explosive dans tout le système et influer sur la transformation de sa structure. Si, quand une fluctuation se produit, le système tout entier adopte alors une organisation structurale qui est plus stable qu'avant et résiste mieux aux perturbations qui ont créé les fluctuations critiques, la nouvelle structure du système définit désormais la norme autour de laquelle les valeurs caractéristiques de cette organisation fluctueront ensuite ; le système ne retournera pas à son précédent état d'organisation. La perturbation, l'interaction imprévisible des fluctuations critiques, et la diffusion d'une ou plusieurs de ces fluctuations sont les éléments qui définissent ensemble la dynamique non linéaire du processus d'évolution.

L'évolution irréversible de Prigogine relie les systèmes dans tous les domaines d'observation : les domaines physique, chimique, biologique, écologique et même humain. Elle constitue une manière séduisante de passer de la physique et de la chimie à la biologie et à l'écologie et, en fin de compte, aux sciences humaines. Mais cette théorie permet-elle de comprendre l'ordre qui se produit dans la nature par suite de cette auto-organisation progressive ? Autrement dit, est-ce que l'ordre qui surgit de la fluctuation constitue le principe ordonnateur qui fait défaut dans les théories unifiées de la nouvelle physique ?

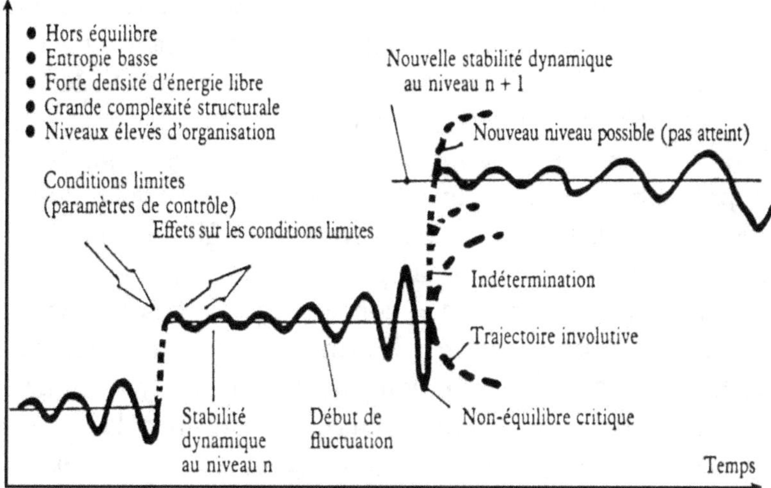

Fig. 1 - Transition dynamiquement indéterminée entre des états stables après déstabilisation critique sous l'influence de fluctuations.

Il subsiste sur ce point d'importantes interrogations. Les systèmes régis par la dynamique évolutionniste de Prigogine tendent à diverger et à se diversifier plutôt qu'à se rassembler et à s'unifier. Prigogine lui-même parle d'une « propriété de divergence » qui est fondamentale dans le processus de l'évolution : si deux systèmes sont à l'origine dans le même état et bénéficient des mêmes conditions initiales d'environnement, ils tendent à diverger au cours du temps, chaque système étant exposé à un ensemble différent d'influences extérieures et à différents schémas de fluctuations internes. Le fait est que dans la thermodynamique des systèmes hors équilibre dont Prigogine fut le pionnier, la voie de développement spécifique des systèmes en évolution est à la merci du hasard. Ni le passé d'un système, ni la nature de son environnement ne déterminent, parmi les nombreuses fluctuations possibles, laquelle se produira en fin de compte. Le processus de diffusion ne peut se décrire qu'à l'aide d'équations statistiques qui permettent toute une gamme de probabilités en ce qui concerne l'issue de ce processus.

C'est précisément ici que réside la difficulté. Si ni le passé ni l'environnement ne déterminent l'issue d'un tel processus, l'évolution d'un système complexe est à la merci d'une sélection opérée au hasard parmi les nombreuses fluctuations qui ont déstabilisé cette structure. La manière dont l'évolution se déroule *dans un système donné* devient entièrement imprévisible ; et la manière dont elle se déroule *dans des systèmes multiples* sera très divergente. Il manque alors à cette théorie un principe de *convergence*.

Prigogine et son école considéraient les déviations de l'état d'équilibre comme l'ultime source d'ordre, et ils attendaient que les équations de la thermodynamique des systèmes de non-équilibre puissent expliquer le cours de l'évolution tel qu'on l'observe. Ces espérances n'ont pas abouti.

On n'a pas trouvé de corrélation entre l'entropie produite par un système et l'augmentation de sa complexité — la quantité d'entropie produite par un système ne sert pas de baromètre indiquant la façon dont il va évoluer. Alors qu'un système en état de chaos produit davantage d'entropie qu'un système ordonné, la production d'entropie augmente ou diminue indépendamment des changements de la structure et de la complexité des systèmes.

Il apparaît que l'entropie thermodynamique ne suffit pas à rendre compte de la trajectoire de l'évolution des systèmes. Alors que la thermodynamique décrit à grands traits la façon dont les systèmes complexes ouverts se maintiennent dans leur milieu et la façon dont ils se modifient, elle n'explique pas *la convergence vers l'ordre et la complexité qui résulte de ce changement.*

L'ordre impliqué de Bohm

La théorie de l'ordre impliqué élaborée par David Bohm situe l'idée de principe ordonnateur dans une dimension différente. Au cours de sa longue carrière, Bohm n'a cessé, dans le domaine de la physique, de combattre le dogmatisme et de mettre en question le phénoménalisme et l'idéalisme de la théorie des quanta. Dans les années 1950, il proposa la théorie des « variables cachées », théorie qui constitue une tentative de transformation de la compréhension probabiliste du comportement des particules subatomiques en une compréhension déterministe, celle que prônait Einstein. Mais, ces dernières années, Bohm a imaginé un concept radicalement nouveau selon lequel toutes choses, y compris l'émergence de l'ordre et l'interaction du hasard et de la nécessité, ont leur origine dans un niveau de réalité qui sous-tend le monde de l'expérience véritable tel qu'il nous apparaît[3].

Bohm part du constat suivant : au cours des quarante dernières années, les notions théoriques de base en physique sont dans la confusion la plus totale. Un profond changement est donc attendu depuis longtemps. La réforme qu'il propose est radicale. Il y a deux niveaux de réalité, affirme-t-il ; l'un se révèle dans les phénomènes du monde ; l'autre, plus fondamental, lui est sous-jacent.

Toute description vraiment fondamentale de l'univers doit en fin de compte s'enraciner dans cet ordre plus profond que Bohm appelle l'ordre impliqué. Sa caractéristique essentielle est que tout ce qui prend place dans le domaine de l'espace et du temps est la manifestation d'un ordre sous-jacent, « implié » ou impliqué. Prenons l'exemple d'un tourbillon. Il a une forme relativement constante, stable, et pourtant il n'a pas d'existence en soi, indépendante du mouvement du fluide au sein duquel il apparaît. Deux tourbillons qui se rapprochent se combinent pour former un seul et unique tourbillon qui a lui aussi son origine dans le mouvement sous-jacent. Tandis que l'ordre impliqué fondamental prend en compte l'ensemble du fluide en mouvement, l'ordre expliqué est celui où se manifestent les formes apparemment stables et indépendantes, comme le tourbillon. Vu de loin, le tourbillon peut tout à fait avoir l'apparence d'un corps stable et indépendant, et pourtant son ordre provient de la dynamique de l'ordre impliqué qui est celui du fluide dans sa totalité.

Le rapport entre l'ordre impliqué sous-jacent et la surface de l'ordre expliqué est aussi illustré par un dispositif simple construit à l'Institut royal de Londres. Il s'agit de deux cylindres de verre concentriques entre lesquels se trouve un fluide très visqueux comme, par exemple, de la glycérine. On met dans le fluide une petite goutte d'encre insoluble et on fait tourner lentement le cylindre extérieur. Le résultat, c'est que la petite goutte est étirée et prend la forme d'un filament. Si on effectue un nombre de rotations suffisamment élevé, la petite goutte, qui était là à l'origine, semble s'être perdue dans la glycérine. Toutefois, quand on fait tourner le cylindre dans l'autre sens, le filament reprend sa forme primitive et redevient une goutte.

La petite goutte est constituée d'un agrégat de particules de carbone distinctes qui vont à la même vitesse que le fluide qui les entoure. Quand elles sont étirées, elles prennent la forme d'un filament. Si l'on met deux gouttes dans le fluide, chacune formera un filament indépendant, et si les filaments se croisent, les particules de chaque goutte vont se mélanger. Mais quand on inverse le mouvement du fluide sous-jacent, les particules de chaque filament retournent chacune dans leur goutte d'origine.

Par cet exemple, Bohm attire l'attention sur l'ensemble de la solution dans laquelle sont suspendues les gouttes d'encre, et non sur les particules de carbone. Les particules appartiennent à l'ensemble d'une situation qui doit être conçue comme un tout. Dans ce tout, cet ensemble, toutes les particules sont impliées ou impliquées ensemble (l'étymologie latine de « impliquer » veut dire *plier dedans*, envelopper).

L'ordre impliqué est le repli des gouttes dans le fluide, ordre qui, en soi, n'est en fait pas perceptible. La pliure n'est révélée que lorsque le cylindre est mis en mouvement et que les particules repliées sont étirées en éléments successifs. L'ordre expliqué est donc le seul ordre visible, et les particules restent en relation externe : elles peuvent se mélanger, mais elles ne s'interpénètrent pas, elles restent ce qu'elles sont même quand elles entrent en contact les unes avec les autres.

Pour Bohm, ce simple exemple suggère l'existence de la stabilité et de la récurrence dans les phénomènes qui se manifestent à notre niveau de réalité. Il permet aussi d'admettre un changement de forme, pourvu que la récurrence ne soit pas complète ou parfaite. Par exemple, chaque ensemble successif de particules peut produire une goutte de forme et de taille identiques, mais dont la position sera différente. Des différences de position successives peuvent être similaires, et, si c'est le cas, nous obtenons une ligne ou une trajectoire régulière. Il peut aussi y avoir des ruptures ou des discontinuités dans la trajectoire, et on peut les considérer comme analogues aux changements d'état décrits dans la théorie des quanta. Il pourrait y avoir un grand nombre d'orbites dont les regroupements de gouttes impliées ensemble se mélangeraient — bien qu'elles soient à l'évidence faites de particules interagissantes mais séparées qui suivent des orbites courbes reliées les unes aux autres.

Selon Bohm, la totalité du monde observable est issue de l'ordre impliqué en tant que sous-totalité explicite de formes récurrentes et stables. Comme toutes les choses sont présentes dans l'ordre impliqué, il n'y a plus dans la nature d'événements dus au hasard ; tout ce qui se produit dans l'ordre expliqué n'est que l'expression de l'ordre impliqué. L'ordre impliqué agit sur l'ordre expliqué à travers le « potentiel quantique » — une « vague pilote » qui guide les mouvements des quanta et détermine la fonction ψ de

Schrödinger. Comme ce facteur surgit de l'ordre impliqué, où tout est déjà donné, rien de nouveau ne peut apparaître au niveau des phénomènes manifestes — l'évolution elle-même n'est qu'apparence.

Il peut ainsi sembler qu'un principe ordonnateur exploitable ait enfin été identifié, principe capable d'unifier la représentation du monde de la physique avec les représentations des autres sciences de la nature. Mais une analyse plus approfondie fait apparaître des difficultés.

Tout d'abord, l'ordre impliqué n'explique pas l'augmentation de l'organisation et de la complexité. La nature n'évolue pas ; elle est là, c'est tout. L'ordre véritable est éternel et permanent, position satisfaisante peut-être pour les platoniciens et les mystiques, mais guère pour les scientifiques.

Chose plus grave, cette théorie est intrinsèquement invérifiable. Tout ce que nous observons se situe dans l'ordre expliqué, mais cet ordre n'est pas la réalité : c'est seulement un dérivé. La réalité, c'est l'ordre impliqué. Cette réalité n'est pas perceptible. Ceci, à nouveau, rend la théorie inacceptable pour les chercheurs qui ne peuvent travailler qu'avec des théories observables et vérifiables, susceptibles d'être confirmées ou infirmées. Avec ces réalités hypothétiques qui se produisent dans un domaine interdit à l'expérience humaine et où le temps et l'espace n'existent pas, il est difficile de voir ce qui pourrait infirmer la théorie de Bohm — à moins qu'il n'y ait une autre théorie qui fasse ce que la sienne prétend faire, et le fasse d'une manière vérifiable.

Il y a encore un autre problème lié à cet état de choses, c'est que la théorie n'a pas de conséquences opérationnelles. L'ordre impliqué de Bohm explique tout, mais il n'en ressort rien. C'est comme une liste, un inventaire de tout ce qui se produit dans l'univers. On peut toujours consulter la liste pour voir pourquoi les choses se sont produites, cela ne renseigne pas pour autant sur ce qui va se produire ensuite. Dans le contexte de la science, c'est là un défaut majeur.

La science n'a que faire de listes, il lui faut des « lois ». Une loi explique les occurrences en mettant en évidence une régularité que ces lois expriment, régularité qui est apparue non seulement dans le passé, mais qui apparaîtra certainement dans l'avenir. Une loi de la nature, comme une loi de la société, fait plus qu'expliquer ce qui s'est passé : en un sens, elle régit aussi ce qui peut et ce qui a donc des chances d'advenir. La loi de la gravitation, par exemple, révèle non seulement que les pommes tombent par terre, mais aussi que l'expansion de l'univers se ralentit et pourrait bien s'arrêter — et que, si l'expansion ne s'arrête pas, toute la matière finira par disparaître dans les trous noirs. L'ordre impliqué n'a pas un tel pouvoir de prédiction. Il ne nous dit pas ce qui va arriver, mais seulement pourquoi ce qui est arrivé est arrivé.

Le champ morphogénétique de Sheldrake

Nous nous tournons maintenant vers une troisième tentative contemporaine visant à identifier un principe ordonnateur dans la nature ; c'est la plus controversée des trois, mais peut-être la plus prometteuse.

La théorie de Rupert Sheldrake, avec tout ce qu'elle a de révolutionnaire, n'est pas sans précédent. Au cours des années 1960, quelques chercheurs spécialisés en biologie théorique se préoccupaient sérieusement du problème de la logique et de la cohérence de la forme organique. La nature déploie une remarquable profusion de formes et de structures, et pourtant on peut noter une très grande cohérence parmi ces formes. Pour comprendre comment l'ordre qui règne dans la nature parmi les êtres vivants a pu se produire, il nous faut en savoir davantage sur la genèse de la forme dans les espèces organiques. Sheldrake suggéra qu'en sus des programmes génétiques, un autre facteur agit dans l'organisme qu'il identifia sous le nom de « champ morphogénétique » (c'est-à-dire champ qui engendre la forme).

Déjà dans les années 1920, Alexander Gurwitsch avait supposé que de tels champs existaient : il expliquait grâce à eux certains processus embryologiques et biologiques. Gurwitsch assimilait les lois de la morphogenèse à un facteur invisible qu'il appelait aussi le champ morphogénétique. Nombre de ses contemporains adoptèrent ce concept et le comparèrent au champ qui entoure les extrémités d'un barreau aimanté. Lorsqu'on coupe un planaire en deux, chacune des moitiés donne un nouvel organisme. L'explication morphogénétique est que cette régénération est guidée par un champ biologique. De même que, lorsqu'on partage un aimant en deux, il se forme deux nouveaux aimants, chacun des deux étant doté de son champ magnétique complet, de même le champ morphogénétique du ver se divise en deux moitiés identiques quand on coupe celui-ci en deux. Chaque champ complet guide à présent les moitiés de ver pour donner naissance à deux organismes complets.

En 1925, Paul Weiss utilisa l'idée des champs biologiques pour expliquer le processus de régénération chez les animaux qui avaient perdu un membre ou un organe. En moins d'une dizaine d'années, les chercheurs affinèrent ces idées, exposées en détail par Conrad Waddington et René Thom qui divisèrent le champ en zones de « stabilité structurale ».

Plus récemment, Brian Goodwin suggéra que les molécules, les cellules et les organismes ne sont que des « unités de composition » : le champ biologique est l'« unité de base » de la forme et de la structure organique. Selon Goodwin, les formes des êtres vivants se structurent sous l'influence de champs biologiques qui agissent sur des unités organiques[4]. La vie elle-même se développe à l'interface qui sépare l'organisme de son environnement, en une « danse sacrée » engendrée par l'interaction qui se produit entre le champ et l'organisme. Puisque l'organisme entier crée le champ qui gouverne chacune de ses parties, la biologie est une science holistique.

Les opinions divergent quand on en vient à établir la réalité des champs biologiques. Pour de nombreux biologistes, ce sont simplement des outils conceptuels, des procédés heuristiques auxquels on fait appel quand il n'y a pas d'autre explication. Pour Goodwin, c'est plus que cela : les champs sont aussi réels que les organismes, sinon davantage. Mais existent-ils indépendamment de l'organisme qu'ils gouvernent ? Goodwin ne se hasarde pas si loin, tout en demeurant ouvert, comme il l'a déclaré à l'auteur lors du colloque « Science pour demain » organisé par ESF et l'Université européenne de Paris, à la possibilité que ce puisse être effectivement le cas. D'autres chercheurs sont prêts à sauter le pas, ainsi le Russe V. M. Inyouchine considère ce qu'il appelle le « biochamp » comme une entité physique réelle. A son avis, ce champ constitue un cinquième état de la matière, composé d'ions, d'électrons libres et de protons libres. Chez les humains, le champ est rattaché au cerveau, mais Inyouchine pense qu'il peut se projeter au-delà de l'organisme et produire des phénomènes de télépathie[5].

Sheldrake affirme, lui aussi, que les champs biologiques ont une réalité propre : bien qu'ils ne transportent aucune forme d'énergie, ils existent indépendamment des organismes sur lesquels ils agissent. Dans la théorie de Sheldrake, ces champs se forment sans cesse et sont constamment renforcés par des organismes du même genre qui existaient antérieurement. Il y a, par exemple, un « champ morphogénétique du lapin », qui a été formé par les lapins qui ont vécu auparavant. Ces champs constituent la mémoire collective de la forme qui caractérise chaque espèce. Les membres vivants d'une espèce sont reliés aux formes des membres de la même espèce qui ont existé dans le passé ; ce lien est un lien causal qui transcende l'espace et le temps. Sheldrake explique de quelle façon cette connexion opère par le processus de « résonance morphogénétique », phénomène qui se produit sur la base de la similitude de forme et d'agencement. Ce phénomène ne se limiterait pas aux organismes vivants : c'est lui qui régirait le processus formateur des cristaux, des molécules, des atomes, et même du cerveau humain.

Le comportement du vivant est lui aussi guidé par les champs morphogénétiques. Sheldrake affirme qu'une fois qu'un schéma comportemental a été appris ou créé, il sera plus facile à reproduire. Un certain nombre de données empiriques plaident en faveur de cette hypothèse : par exemple, les rats s'échappent plus vite d'un labyrinthe si d'autres rats avec lesquels ils n'ont pas eu de contacts ont déjà maîtrisé le problème ; et l'apprentissage chez les humains est, dit-on, facilité par l'exemple d'un apprentissage semblable chez d'autres individus. Même la synthèse des cristaux, quand elle a déjà eu lieu une fois, est semble-t-il plus rapide la seconde fois et les fois suivantes.

Les champs morphogénétiques sont censés agir entièrement par résonance. A l'évidence, la résonance agira avec d'autant plus d'efficacité que la similitude sera plus grande entre les corps en résonance. Dans ce cas, la résonance augmentera lorsqu'il y aura similitude entre les corps qui forment un champ et ceux qui sont formés par lui. Pour Sheldrake, cela explique pourquoi les espèces se reproduisent selon le type parental. La morphologie des organismes vivants est plus semblable à la morphologie de leurs propres ancêtres qu'à de celle de toute autre espèce ; le développement de chaque organisme est donc guidé par sa propre résonance morphologique, celle qui est spécifique de son espèce. Le principe de renforcement suggère que plus l'existence d'organismes d'une espèce donnée remonte à longtemps, plus ces organismes ont des chances d'être engendrés[6].

Qu'allons-nous faire de cette hypothèse hardie ? A première vue, elle semble être bien placée en tant que principe ordonnateur susceptible d'établir un lien entre les sciences de la vie (et peut-être aussi de l'esprit) et les théories unifiées de la nouvelle physique. Les champs morphogénétiques créent une connexion causale entre le passé du système, son milieu et son évolution. Grâce à de tels champs, les formes et les structures qui apparaissent dans la nature par la diffusion de fluctuations critiques ne seraient plus à la merci du hasard : les probabilités iraient en faveur des fluctuations qui produisent des résultats vérifiés. Les processus évolutifs soumis au hasard, ceux de Prigogine, seraient défavorisés au profit de structures qui se conforment à celles qui se sont déjà manifestées dans des systèmes semblables.

Toutefois, si on y regarde de plus près, la théorie de Sheldrake se heurte elle aussi à des difficultés. Un problème majeur est son parti pris de conservatisme. Le champ agit pour préserver le passé dans le présent. Ce n'est pas sans raison que l'un des ouvrages de Sheldrake s'intitule *La Présence du passé*. Mais s'il se vérifie effectivement que plus une structure ou un comportement donnés se sont produits souvent dans le passé, plus ils auront tendance à se produire dans le présent, il est alors difficile de concevoir comment une innovation vraiment originale pourrait se diffuser. Le présent est conditionné par le passé. L'univers est un « système d'habitudes ». S'il en est bien ainsi, comment de nouvelles habitudes, de nouveaux schémas, de nouvelles espèces peuvent-ils apparaître ? Le temps qui passe devrait renforcer les habitudes. Les structures et les comportements nouveaux seraient broyés par le passé avant d'avoir pu élaborer un champ morphogénétique efficace.

Un autre problème auquel se heurte cette théorie du champ morphogénétique est celui de la cohérence avec les lois qui gouvernent les phénomènes physiques. La résonance est un phénomène physique bien connu (c'est le renforcement de la vibration d'un corps par la vibration d'un autre corps vibrant à la même fréquence ou à une fréquence voisine), et dans la théorie des cordes et des supercordes elle joue un rôle majeur. Mais, en physique, rien n'indique que ce phénomène se produirait indépendamment de toute forme d'énergie. Or, Sheldrake suggère qu'il y a pour chaque atome, chaque molécule, chaque cristal ou chaque organisme existant dans l'univers un champ générateur de forme dépourvu d'énergie. Cela veut dire qu'il y aurait un champ morphogénétique non seulement pour les rats et les lapins, mais aussi pour tous les quarks, pour tous les fermions et les bosons qui sont constitués de quarks, et pour tous les astéroïdes, toutes les étoiles, toutes les planètes, toutes les galaxies et les amas de galaxies qui sont faits de fermions et de bosons. D'une manière mystérieusement dépourvue d'énergie, le cosmos tout entier serait en résonance grâce à des champs qui s'autorenforceraient.

Comme nous le verrons bientôt, la théorie de Sheldrake répond à de nombreuses énigmes rencontrées dans les sciences : ses postulats, bien que hardis, ont un remarquable pouvoir heuristique. Pourtant, ce ne sont peut-être pas les seuls postulats à être doués d'un tel pouvoir. Même s'il est possible qu'il existe effectivement un champ d'information universel qui structure et informe les atomes, les molécules, les organismes et même le cerveau humain, et qui réduit la part du hasard dans le processus de l'évolution, il est peu vraisemblable qu'un tel champ fonctionne grâce à la résonance. Il y a d'autres moyens par lesquels les champs sont capables de coder, d'emmagasiner et de transmettre l'information, des moyens plus répandus, plus efficaces et plus précis que la résonance, et donc mieux à même de guider des processus d'auto-organisation dans la nature.

CHAPITRE 5

Les grandes énigmes
situées aux frontières de la science

La science, on le suppose parfois, pénètre peu à peu les mystères qui demeurent encore non résolus et elle parviendra un jour à expliquer clairement tous les phénomènes et tous les événements qui se produisent dans l'univers. Si la science progresse effectivement vers cet objectif, on peut se demander pourquoi il faudrait perturber sa démarche. Pourquoi chercher des théories révolutionnaires encore marginales quand celles qui sont actuellement admises fonctionnent bien ?

Notre motivation, quand nous avons examiné des théories transdisciplinaires de l'évolution générale, c'était de trouver le facteur qui manque encore dans les GUT de la nouvelle physique : le principe ordonnateur susceptible de révéler comment les composants de l'univers sont capables d'accéder à des niveaux de plus en plus élevés d'organisation et d'ordre. Or, même si l'unification de la représentation scientifique du monde est un objectif valable, au regard de la question précédente on peut se demander si cela vaut la peine de chambouler à cette fin la progression méthodique des découvertes scientifiques. Si les physiciens sont sur le point de décoder les mystères de l'univers physique, si les biologistes sont sur le point de faire la même chose avec les mystères de la vie, et si les chercheurs en sciences humaines et sociales appréhendent avec succès les phénomènes psychologiques et sociaux, faudrait-il exiger une révolution simplement à cause de cette quête de l'unification ?

Bien sûr que non. Mais la raison qui incite à chercher des théories destinées à compléter celles qui ont cours actuellement n'est pas uniquement la quête, peut-être arbitraire, d'une unité. Il y a aussi une autre raison : la multiplicité elle-même n'est pas vraiment bien comprise. Les cadres théoriques utilisés actuellement, même s'ils sont tout à fait remarquables à certains égards, suscitent de sérieuses énigmes. Ces énigmes existent sous forme de paradoxes, ou plus exactement de découvertes qui sont paradoxales au regard des théories d'après lesquelles la majorité des scientifiques considère actuellement le monde. (Un paradoxe, explique le dictionnaire, est quelque chose qui se situe « au-delà de l'opinion communément admise » — dans ce cas précis, au-delà de l'opinion établie d'une communauté scientifique [*para* signifie « au-delà » et *doxa* « opinion »].)

La science actuelle est assaillie par une série de paradoxes frustrants. Ils surgissent dans les théories courantes de la physique, de la biologie et de la psychologie ; nous examinerons bon nombre d'entre eux.

Ainsi la quête de l'unification a une logique qui va au-delà du désir de considérer le monde dans une perspective cohérente et unitaire. D'une part, une vision unifiée consiste à donner une nouvelle signification à la vie et à l'expérience vécue, à rétablir l'équilibre entre observateur et observé, entre l'être humain dans le monde et le monde où vit l'être humain. D'autre part, cette vision unifiée consiste à chercher une solution aux paradoxes qui continuent à déconcerter les chercheurs.

Il est bien possible que ces deux objectifs soient en corrélation logique. Si le monde est effectivement unitaire, une approche unitaire aura forcément davantage de chances d'aboutir qu'une approche fragmentée et dissociée.

Dans cette optique, les énigmes qui se posent à la science actuelle pourraient constituer des indices importants pour la théorie que nous cherchons à élaborer. *Ce qui fait naître les énigmes est peut-être précisément ce qui manque encore dans les théories unifiées.* Si c'était le cas, la découverte d'un principe ordonnateur valable résoudrait une part importante des paradoxes qui demeurent — et montrerait du même coup le chemin vers une théorie unifiée du monde physique, biologique et humain.

Cette possibilité mérite une étude plus approfondie. Nous allons commencer par passer en revue les énigmes qui subsistent dans les sciences physiques, dans les sciences de la vie, et dans les sciences cognitives.

LES PARADOXES DU MONDE DE LA PHYSIQUE

Comme nous l'avons déjà fait remarquer, les physiciens contemporains considèrent les particules élémentaires comme des paquets d'énergie-matière inclus dans des champs de forces. Ces paquets ne peuvent être plus petits que la longueur minimale découverte par Max Planck, et ils ne peuvent non plus vivre moins longtemps que le temps minimal calculé à partir de la constante de Planck. (Ces distances et ces temps sont infimes : la longueur définie par Planck, 10^{-33} mètres, est très inférieure à la taille d'une particule élémentaire moyenne, et la constante de Planck, 10^{-43} secondes, est également très inférieure à la durée de la plupart des événements à l'échelle atomique). Ces paquets sont des « quanta », et l'expérience montre que ce sont en fait de bien curieux animaux.

Le dragon de Wheeler

Le comportement étrange des quanta inclut la dualité corpuscule/onde, l'incertitude de Heisenberg et les phénomènes d'interaction non locale et non dynamique. Tous ces faits demeurent de surprenants paradoxes qui ne sont pas élucidés par la recommandation souvent faite aux physiciens de se borner à découvrir les corrélations existant entre les observations et de ne pas essayer d'interpréter ce à quoi renvoient celles-ci — c'est-à-dire ce que sont les quanta « en soi ».

L'étrange comportement des quanta a donné naissance à un débat sur la nature ultime de la réalité, débat probablement le plus connu et certainement le plus long de l'histoire des sciences. De 1927 à 1933, Albert Einstein et Niels Bohr se rencontrèrent et entretinrent une correspondance sur l'interprétation des phénomènes quantiques. Einstein n'admettait pas l'indétermination qui semblait inhérente au comportement des quanta. Il avança arguments après arguments pour démontrer que la théorie des quanta telle qu'elle s'énonçait devait alors, en bonne logique, être incomplète. Bohr, lui, refusait toute interprétation allant au-delà de ce que les physiciens pouvaient réellement observer. La nature, affirmait Bohr, a défini une limite absolue à ce qui est mesurable et observable. Il est vrai que cette limite va plus loin encore, car elle interdit même à la science de parler sans ambiguïté des propriétés et des attributs des quanta et des particules élémentaires.

Einstein voulait bien admettre que la position et la vitesse d'une particule élémentaire ne puissent être mesurées simultanément — apparemment, la nature plaçait là une barrière. Mais cela ne signifiait pas, affirmait-il, que la particule élémentaire n'avait pas une position définie et une vitesse définie à chaque instant ; c'est nous qui étions incapables de percevoir ces propriétés. Bohr n'était pas d'accord et déclarait que la notion même de particule dotée à la fois d'une position et d'une vitesse devait être abandonnée. Si la combinaison de la vitesse et de la position d'une particule est ambiguë, cela ne rime plus à rien de parler de la trajectoire d'une particule quantique.

Quotidiennement, la réalité se traduisait par des formes nouvelles, et, lors de la phase finale de leur dialogue, Bohr se trouva incapable d'utiliser un terme autre que « phéno-

mène » pour décrire les événements observés. « Phénomène », faisait remarquer John Wheeler, est un terme
hautement signifiant. Il suggéra que, lorsque nous parlons
de quanta, nous ne traitons plus de la réalité objective et
que nous n'avons plus le droit de nous demander ce que les
« phénomènes quantiques élémentaires » sont en soi.

Comme le disait si justement Eugene Wigner, la physique
quantique se préoccupe d'« observations » et non
d'« observables ». Toutefois, cela signifie que le physicien
quantique travaille dans le monde d'*Alice au pays des
merveilles* où l'on trouve l'apparence des choses, mais non
leur substance — les sourires du Chat du Cheshire mais
non le Chat du Cheshire lui-même.

Il est toujours pénible de se couper de la réalité concrète,
et les physiciens ne s'y résignent pas de gaieté de cœur. Ils
furent obligés d'aboutir à leurs conclusions phénoménalistes
à la suite d'expériences qui ôtaient tout espoir de prévoir le
comportement de la matière dans le monde réel. L'exemple
classique est, bien sûr, l'expérience désormais très connue
de la double fente. Prenons un faisceau lumineux et plaçons
un écran devant lui. Dans cet écran, on perce une fente
étroite pour qu'une partie de la lumière puisse passer au
travers ; on place un second écran derrière le premier afin
qu'il reçoive les faisceaux lumineux qui traversent la fente.
Puis, comme si on laissait de l'eau s'écouler par un petit
trou, on constate qu'il se produit un effet de diffraction : le
faisceau lumineux se déploie en éventail, et on voit apparaître sur l'écran une image de diffraction. Cela montre le
caractère ondulatoire de la lumière, et il n'y a rien là de
paradoxal. Mais si l'on pratique une seconde fente dans le
premier écran, il y aura superposition de deux images de
diffraction, même si l'on n'émet qu'un photon à la fois. Les
ondes qui se projettent derrière les fentes forment une image
caractéristique d'interférence : les deux fronts d'ondes s'annulent quand leur différence de phase est de cent quatre-
vingts degrés, et s'additionnent quand ils sont en phase.
C'est comme si le photon unique était passé en même temps

à travers les deux fentes. Et pourtant les objets corpusculaires qui peuvent être émis un à un ne se comportent pas du tout de cette façon.

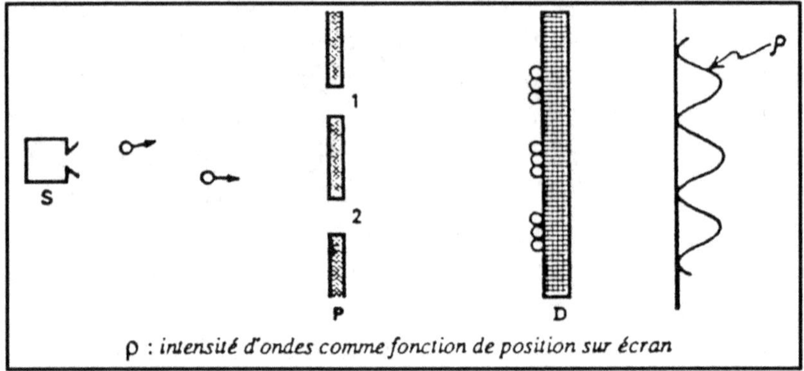

Fig. 2 - Position de l'écran
Ondes en phase (lumière)
Ondes en opposition de phase (ombre)
« Franges d'interférences dans l'expérience des deux fentes. »
(Extrait de « La révolution quantique et ses conséquences sur notre vision du monde », Jean Staune, dans la revue *Le 3ᵉ millénaire*, 1990).

Il existe plusieurs variantes de cette expérience, toutes plus déconcertantes les unes que les autres. Certains des plus étranges phénomènes du monde subatomique sont mis en évidence par les expériences de faisceaux séparés. Ici aussi, les photons sont émis un à un, à intervalles précis. Chaque photon va du canon émetteur jusqu'à un détecteur qui fait entendre un déclic ou s'allume lorsqu'il est frappé par un photon. On s'attendrait normalement à ce qu'un photon allant du canon au compteur emprunte une trajectoire définie. En fait, il n'en est rien. Dans l'expérience des faisceaux séparés, un miroir semi-transparent est placé sur la trajectoire que le photon est censé décrire. Le faisceau formé de la succession des photons se trouve partagé, autrement dit, le miroir laisse passer en moyenne un photon sur deux tandis qu'il dévie l'autre. Pour vérifier cette éventualité, on place des compteurs derrière le miroir, à angle droit avec celui-ci. Un photon sur deux doit donc emprunter la première trajectoire et l'autre la seconde. En effet, c'est ce que confirment les résultats : les deux compteurs enregistrent un nombre à peu près égal de photons. Voici maintenant le paradoxe. On place un second miroir sur la trajectoire des photons non déviés par le premier miroir. L'angle de ce miroir est tel que les photons qui sont déviés et ceux qui ne le sont pas doivent toujours atteindre l'un ou l'autre des deux compteurs. Par conséquent, on s'attendrait à entendre un nombre égal de déclics (ou à voir un nombre égal de signaux lumineux) sur chaque compteur : les photons émis individuellement auraient simplement échangé leur point d'arrivée. Or, ce n'est pas le cas. Un seul des compteurs émet des déclics (ou des signaux lumineux), et pas l'autre. Tous les photons aboutissent au même endroit.

Ce qu'on avait constaté lors de l'expérience des deux fentes se confirme. Les photons, émis comme des particules individuelles, interfèrent entre eux comme des ondes. Au-dessus de l'un des miroirs, l'interférence aboutit à une annulation puisque la différence de phase entre les photons est de cent quatre-vingts degrés, et les photons, agissant comme des ondes, s'annulent l'un l'autre. Au-dessous de l'autre miroir, l'interférence est constructive : la phase d'onde des photons est la même et ils se renforcent mutuellement.

Ici aussi il est possible d'obtenir des résultats de plus en plus paradoxaux. Si on place un second miroir seulement après qu'un photon a traversé le premier miroir et se dirige vraisemblablement vers sa destination normale : le second courant de photons va encore interférer avec le premier et tous les photons aboutissent au même compteur. Si l'on place un obstacle sur la trajectoire de l'un des courants de photons, l'élimination de ce second courant donne des résultats conformes à ce que l'on attendait de l'expérience : le courant unique se partage de façon égale entre les deux compteurs. Mais lorsque l'obstacle est enlevé, tous les photons aboutissent encore à un seul compteur, et aucun à l'autre. Même si l'obstacle est placé après qu'un photon a entamé sa trajectoire, le résultat est toujours le même. Ces expériences nous amènent, semble-t-il, à conclure que, de manière étrange, un photon « sait » en quelque sorte ce que fait l'autre, en fonction de quoi il choisit sa trajectoire.

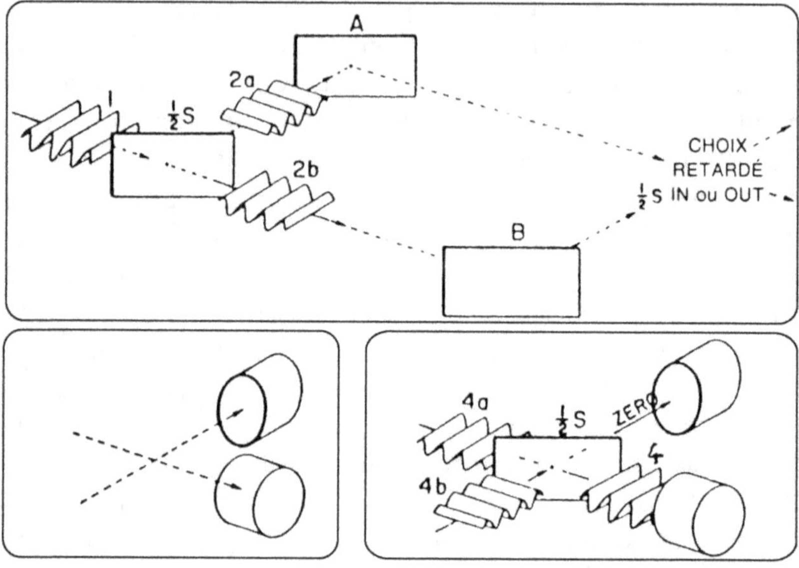

Fig. 3 - Expérience des faisceaux séparés, et deux types de résultats : les trajectoires parcourues par les photons dans le cas où on n'utilise qu'un seul miroir (à gauche), et trajectoires avec deux miroirs (à droite). [Tiré de l'article de John Archibald Wheeler : « Bits, Quanta, Meaning », dans *Problems of Theoretical Physics*, édité par A. Giovannini, F. Mancini et M. Marinaro, Salerno, University of Salerno Press, 1984.]

Cette situation est rendue plus étrange encore par le fait que le temps et l'espace ne la modifient guère. Dans une version « cosmologique » de l'expérience précédente, on travaille sur des photons provenant d'une lointaine galaxie et émis séparément voici des milliers d'années. Dans une de ces expériences, les photons étaient émis par le double objet stellaire connu simplement sous la référence 0957+516 A.B. On pense maintenant que ce quasar éloigné est en fait un seul et même objet, et non pas deux : sa double image résulterait sans doute de la déviation de sa lumière par une galaxie située à environ un quart de la distance qui le sépare de nous. La déviation par effet de « lentille gravitationnelle » est assez importante pour réunir deux rayons lumineux émis par le quasar des milliers d'années auparavant. En raison de la distance supplémentaire parcourue par les photons déviés par la galaxie, ils ont voyagé cinq mille ans de plus que ceux qui sont venus directement. Mais, bien qu'émis voici des millions d'années avec un intervalle de cinq mille ans, les photons, contrairement à ceux des faisceaux lumineux non déviés, interfèrent les uns avec les autres tout comme s'ils avaient été émis dans le laboratoire quelques secondes ou quelques heures auparavant. Le phénomène d'interférence lui-même est tout à fait déconcertant ; et le fait qu'il ne soit soumis aux contraintes ni de l'espace ni du temps est en contradiction complète avec tout ce qu'on serait en droit d'attendre des objets individuels et de leur comportement dans la nature.

Pendant des centaines d'années, la science a cru en une réalité objective qui ne dépend pas de son propre mode d'observation. A présent, cette notion même de réalité indépendante est remise en question. Nous n'avons aucun élément, affirmait Bohr, qui nous permette de dire ce que sont les quanta ou ce qu'ils font entre leur émission et la perception du déclic qui signale leur réception. Ce qui se passe entre ces deux événements, c'est, pour reprendre l'expression imagée de Wheeler, un « dragon fumant ». Sa queue est bien visible quand il est émis, ainsi que sa gueule quand elle mord le détecteur ; le reste est noyé dans la fumée. Wheeler disait que le phénomène quantique est la chose la plus étrange qui soit dans ce monde étrange[1].

L'expérience d'Einstein et le théorème de Bell

Einstein était un théoricien ; il ne faisait pas d'expérimentation. On a même dit qu'il notait ses intuitions initiales au dos de vieilles enveloppes et qu'il les développait ensuite plus en détail au tableau noir. Mais, lors de sa controverse avec Bohr, quand il affronta le dragon de la théorie des quanta, Einstein se montra disposé à se lancer dans l'expérimentation même si, comme il convenait à un théoricien, ce n'était pas une expérience « réelle », mais une « expérience de pensée ». Son intention était de montrer que le « dragon fumant » des quanta n'est pas un fait de la nature, mais découle du fait que la théorie décrivant les quanta est incomplète. Ce n'est pas le monde des quanta qui est irréel, estimait Einstein, mais plutôt la description qu'en donne la théorie des quanta qui est inadéquate. « Je trouve cette idée tout à fait intolérable », écrivait-il à Max Born. « Si l'interprétation existante se révélait correcte, ajoutait-il, je préférerais être cordonnier ou même croupier dans un tripot plutôt que physicien[2]. » Mais, comme cela se révéla par la suite, la remarquable expérience suggérée par Einstein et ses collègues Boris Podolski et Nathan Rosen ne résolut pas le problème de l'indétermination quantique ; au lieu de cela, elle introduisit une énigme supplémentaire. Elle établit sans aucun doute possible la transmission instantanée d'une sorte de signal entre des particules séparées dans l'espace. La réalité quantique se révélait encore plus bizarre qu'on ne s'y attendait.

L'idée de l'expérience d'Einstein-Podolski-Rosen (« EPR »), à présent bien connue, consiste à prendre deux particules en état identique et à les laisser se séparer. On mesure alors la position de l'une des particules. Puisque les deux particules sont identiques, on s'attendrait qu'il soit possible d'utiliser cette information pour prédire l'état correspondant de la seconde particule. Pour cette seconde particule, on mesurerait une propriété complémentaire, par exemple la vitesse. Cela voudrait dire que nous connaîtrions à la fois la vitesse et la position de la seconde particule, résultat que ne permet pas la théorie des quanta. Einstein affirma que grâce à cette procédure l'on devait pouvoir connaître simultanément la position et la vitesse de la particule. Si en soi la théorie des quanta en était incapable, c'est qu'elle était incomplète[3].

L'expérience d'Einstein-Podolski-Rosen a été proposée en 1935, mais il fallut attendre les années 1980 pour qu'on la vérifie avec des instruments de physique. Elle ne donna pas ce qu'en attendait Einstein. Exactement comme dans l'expérience du faisceau séparé, on constata que les deux particules, bien que séparées dans l'espace, sont instantanément en corrélation. Dans le cas présent, le fait d'effectuer une mesure sur l'une des particules avait un effet mesurable sur l'autre. Cet étrange phénomène avait en fait été prédit dans les années 1960 par le physicien John Bell. Le théorème de Bell stipule qu'un signal passe instantanément entre des particules séparées dans l'espace. C'est effectivement le cas : les particules, on le constate, sont instantanément en corrélation.

La transmission instantanée d'un signal viole une loi fondamentale de la relativité, à savoir qu'aucune information dans l'univers ne peut être transmise plus vite que la vitesse de la lumière. Apparemment, les quanta ne tiennent pas compte de cette interdiction. Leur corrélation est instantanée, et elle ne diminue pas avec la distance.

Le principe de Pauli

Dans la nature, des interactions « non locales » se produisent beaucoup plus souvent qu'on ne le reconnaît en général. Leur présence est normale aux températures extrêmement basses ; et aux températures plus élevées elles engendrent les interactions qui structurent les éléments, de l'hydrogène à l'uranium et au-delà.

Lorsque divers métaux et alliages sont refroidis à des températures avoisinant le zéro absolu, leur résistance électrique disparaît. Les substances deviennent des supraconducteurs : un courant électrique qui les traverse ne subit aucune déperdition due au frottement. Ce phénomène a été découvert en 1911 par Kamerlingh Onnes et étudié de façon détaillée au cours des décennies suivantes par la physique des basses températures, en même temps que le phénomène voisin et également mal connu de la superfluidité (absence de viscosité dans un liquide refroidi à très basse température, tel que l'hélium).

La disparition de la résistance électrique dans un conducteur est due au remarquable degré de cohérence entre les électrons dont le flux engendre le courant. Normalement, lorsqu'un courant électrique traverse un métal, il produit un déplacement dans le gaz électronique — des électrons s'échappent constamment des atomes qui vibrent dans le réseau de la structure du métal. Cela ralentit le passage des électrons au travers du réseau et produit le frottement qui échauffe le métal : c'est le phénomène de résistance électrique. Cependant, lorsque le métal est refroidi à très basse température, les vibrations des atomes diminuent, la résistance du métal aussi. Même au zéro absolu de l'échelle de Kelvin, les énergies dites de point zéro agissant sur les atomes continuent à faire vibrer le réseau de telle sorte que la résistance électrique devrait exister quel que soit le degré de refroidissement du métal. Toutefois, lorsqu'on refroidit certains métaux jusqu'à une température proche du zéro absolu, la résistance électrique disparaît : le métal devient un supraconducteur. Dans un anneau fait d'un tel supraconducteur, un courant électrique, une fois induit, passe indéfiniment sans diminuer.

Il apparaît que lorsqu'on refroidit un métal ou un autre conducteur à une température critique, la vibration des atomes permet aux électrons de la traverser sans frottement. Les électrons traversent le conducteur de manière complètement cohérente ; la supraconductivité est la cohérence du mouvement des électrons dans le courant. Un phénomène similaire se produit dans les superfluides. Les molécules qui jusque-là entraient en collision au hasard deviennent cohérentes en formant une seule et unique entité quantique dépourvue de viscosité apparente, capable de traverser la paroi des capillaires, aisément sécable. Dans les deux cas, nous sommes en présence d'un état quantique cohérent. La fonction ondulatoire du mouvement de tous les électrons dans un courant et celle de tous les quanta qui constituent les molécules d'un fluide, revêtent une forme identique.

Les très basses températures permettent de mettre en évidence un comportement cohérent parmi les quanta, sans la turbulence que provoquent les vibrations aux températures plus élevées. Autrement dit, les électrons d'un supraconducteur, comme les particules qui constituent les molécules d'un superfluide, sont strictement coordonnés les uns avec les autres. Comment un électron peut-il savoir ce que font les autres ? Aucune forme connue d'énergie ou de signal ne les traverse. La supraconductivité et la superfluidité constituent des exemples frappants des corrélations qui existent entre des entités situées en des endroits différents (bien que contigus).

Tandis qu'à de très basses températures une corrélation instantanée provoque un comportement cohérent parmi les quanta, à des températures extrêmement élevées, une telle corrélation crée des structures matérielles qui évoluent vers une diversité toujours croissante. Le fait est que le phénomène de non localité se produit également au sein de la structure des orbites atomiques qui entourent les noyaux. A des températures extrêmement élevées (« cuisson nucléaire »), les atomes sont soumis au bombardement de radiations à haute énergie, et, dans ces conditions, une corrélation instantanée entre les électrons crée une structuration progressive des orbites conforme aux énergies disponibles dans le noyau.

Le noyau atomique consiste en un nombre encore imparfaitement compris de champs d'énergie, et ces champs définissent les niveaux d'énergie susceptibles d'être contenus dans les orbites qui l'entourent. Les énergies nucléaires, cependant, ne renseignent pas sur la façon dont l'énergie est stockée dans les orbites, c'est-à-dire sur les structures spécifiques de ces orbites. Cette structure est définie par une forme particulière de corrélation qui se produit entre les électrons eux-mêmes à l'intérieur des orbites. Ces corrélations se produisent seulement avec les électrons associés aux noyaux atomiques. Elles ne se produisent pas avec les électrons libres, ni avec les nucléons, ni avec aucune autre particule indépendante.

Les électrons qui appartiennent à une orbite atomique ne sont reliés par aucune forme d'énergie connue, pourtant chaque électron se comporte comme s'il « savait » comment tous les autres électrons sont en train de se comporter dans les autres orbites. Le schéma d'ensemble créé par tous les électrons renseigne sur le comportement de chacun d'eux et définit les probabilités correspondantes de leur état*.

La formule mathématique de l'exclusion des électrons autour du noyau atomique a été donnée en 1925 par Wolfgang Pauli. Son « principe d'exclusion » nous dit qu'il n'est pas possible pour deux électrons qui gravitent autour d'un noyau (ou autour de plusieurs noyaux dans une configuration à plusieurs atomes) d'être dans un état de mouvement décrit par le même ensemble de quatre nombres quantiques. L'exclusion suit la règle de l'asymétrie**.

---

* Le processus peut être illustré par un simple exemple. Les divers éléments de la nature correspondent à des atomes qui ont un nombre spécifique d'électrons. L'atome le plus simple, celui d'hydrogène, comporte un seul électron qui gravite autour du noyau. Avec deux électrons autour du noyau, nous avons un atome d'hélium. Ici la théorie des quanta introduit une contrainte dans le mouvement des électrons : le deuxième électron est forcé d'occuper un état d'énergie et de *spin* différent du premier. Dans le cas du lithium, trois électrons gravitent autour du noyau. Les deux électrons internes gravitent sur ce que l'on appelle l'orbite K, chacun se déplaçant dans un état de *spin* différent. La théorie des quanta interdit au troisième électron de se déplacer en même temps que les deux autres sur l'orbite K et l'oblige à parcourir l'orbite L. Le processus se poursuit tout au long des diverses structures atomiques qui constituent la table de la classification périodique des éléments.

** La signification de ceci devient évidente quand nous considérons que l'état des électrons sur les orbites atomiques est décrit par la fonction ondulatoire de Schrödinger : ψ (x1, x2, x3...., xn), où les x sont les coordonnées (y compris leur *spin*) des divers électrons. C'est

Le principe d'antisymétrie de la fonction ondulatoire exige que les électrons d'un atome occupent des orbites différentes. Mais la façon dont un atome entier (ou une molécule, un métal ou un autre système multiatomique complexe) est capable d'obéir à la règle d'antisymétrie n'est pas évidente : il n'y a pas de force ou d'énergie ordinaire qui exerce une contrainte sur les électrons. Le principe d'exclusion nécessite une interaction précise entre les électrons sans intervention d'une force dynamique. De même que deux particules dans l'expérience d'Einstein-Podolski-Rosen ou dans l'expérience du faisceau séparé, semblent connaître mutuellement leur état quantique sans qu'il y ait échange d'énergie manifeste, de même les électrons d'un atome, d'une molécule ou d'un métal sont en corrélation, à la fois instantanément et de façon non dynamique.

Ce principe d'exclusion permet l'émergence de structures atomiques ordonnées dotées de propriétés spécifiques. C'est la base de tous les phénomènes complexes de l'univers. Toutefois, la façon dont l'exclusion fonctionne, la façon dont un électron « sait » ce que les autres font est simplement décrite et non pas expliquée par le principe de Pauli.

L'hypothèse de Hoyle

Si la matière est capable de se structurer elle-même en toujours davantage de formes complexes, c'est parce que les électrons sont contraints par le principe de Pauli d'occuper des états uniques autour du noyau. Sans ce principe, tout dans la nature serait une bouillie amorphe dépourvue de caractéristiques. Cependant, pour que l'accroissement de la

---

cette fonction ondulatoire que le principe d'exclusion rend obligatoirement antisymétrique. Cela signifie que si deux électrons s'échangent, la fonction change de signe. La même règle d'antisymétrie s'applique à une molécule complexe dans laquelle de nombreux électrons gravitent autour de plusieurs noyaux. Même la fonction ondulatoire d'un métal contenant un nombre astronomique d'électrons est asymétrique.

complexité de la matière se soit initialement produit, il a fallu que certaines conditions physiques permettent que de plus en plus d'électrons entrent dans le champ de configuration des atomes stables. Cela exige une harmonisation des diverses fréquences de vibration des atomes neutres, phénomène qui est associé à la résonance. Une telle harmonisation n'est pas quelque chose de simple car, à un certain point d'accroissement de la complexité de la matière, l'accord requis entre toutes les résonances impliquées devient excessivement improbable.

Dans l'histoire de l'univers, les premiers noyaux à s'être formés comprenaient un proton et un neutron : c'étaient les noyaux d'hydrogène. Les réactions qui se produisirent par la suite dans le champ de radiation intense de l'univers à ses débuts transformèrent un certain nombre de noyaux d'hydrogène en noyaux d'hélium. Mais un univers d'hélium et d'hydrogène n'aurait pu donner naissance à d'autres sortes de structures atomiques : l'hydrogène et l'hélium sont inertes, et la quantité d'énergie nucléaire nécessaire pour les faire se combiner en éléments plus lourds n'était pas disponible. L'univers complexe que nous avons à présent sous les yeux n'aurait pu se développer sans trouver un moyen d'aller au-delà de la bouillie cosmique d'hélium et d'hydrogène. A l'évidence, ce moyen fut trouvé, et ce fut la création d'un nouvel élément qui allait catalyser les réactions et permettre la synthèse d'éléments plus lourds. Ce nouvel élément, ce fut le carbone.

L'énigme, c'est le pourquoi de la création du carbone dans les premières phases de l'univers. Tout le problème consiste à savoir comment il est possible que de grandes quantités de carbone aient pu être fabriquées dans les générations d'étoiles qui ont précédé la nôtre. Pour produire du carbone il faut deux étapes. D'abord la fusion de deux atomes d'hélium, qui produit un isotope de béryllium. Le noyau de béryllium ainsi obtenu est extrêmement instable : il se redésintègre en hélium presque aussitôt après avoir été créé. Or, pour produire du carbone, le noyau de béryllium devrait fusionner avec un autre atome d'hélium. Étant donné la vitesse de décomposition du béryllium, cette deuxième réaction semble *a priori* improbable, et pourtant elle a lieu. La raison en est qu'il s'agit d'une réaction résonnante, c'est-à-dire que la combinaison des énergies du noyau de béryllium et du noyau d'hélium (7,370 millions d'électronvolts (MeV) est juste un petit peu inférieure à l'énergie de l'atome de carbone (7,656 MeV).

Mais il n'est pas sûr que le carbone ainsi produit survive. Une autre fusion avec un atome d'hélium produirait de l'oxygène. Néanmoins cette dernière réaction n'est pas favorisée par la nature. Le niveau d'énergie du noyau d'oxygène (7,1187 MeV) est inférieur à la somme des niveaux d'énergie des noyaux de carbone et d'hélium (7,1616 MeV). Il en résulte que le noyau de l'atome d'oxygène est relativement stable et que le carbone et l'oxygène sont disponibles en quantités suffisantes pour former les molécules complexes nécessaires à la vie.

L'hypothèse que le béryllium et l'hélium produiraient ensemble une réaction résonnante a été suggérée par Edwin Salpeter en 1953. Son hypothèse pouvait expliquer la production d'une quantité suffisante de béryllium, mais pas la production d'une quantité suffisante de carbone. Si la réaction entre le carbone et l'hélium était résonnante, la plupart du carbone aurait disparu au profit de l'oxygène. La probabilité pour que ces niveaux d'énergie soient ainsi réglés de façon aussi précise est extrêmement faible. Néanmoins, Fred Hoyle avait suggéré que cela devait être le cas.

Des expériences réalisées au laboratoire de physique de l'Université de Californie ont mis en évidence les valeurs des niveaux et ainsi prouvé que Hoyle avait raison. La nature a bel et bien mis au point un réglage, pourtant extrêmement improbable, des niveaux d'énergie de l'hélium, du béryllium, du carbone et de l'oxygène. C'est grâce à cette chaîne de coïncidences que des ordres plus complexes que ceux produits dans des réactions dues au hasard impliquant uniquement l'hydrogène et l'hélium ont pu émerger dans l'univers.

L'accord des constantes

Les fréquences des noyaux ne sont pas les seules coïncidences que l'on trouve dans la nature : il y a un très grand nombre de coïncidences naturelles plus improbables et par conséquent plus étonnantes encore. Elles concernent l'extrême précision avec laquelle les prétendues « constantes universelles » sont accordées les unes avec les autres, et avec les niveaux de complexité associés à la vie.

Il s'avère que non seulement les processus de la vie s'accordent de façon précise avec les processus physiques de l'univers (mais, après tout, c'est logique, puisque la vie est née dans un milieu physique), mais aussi les processus physiques, bien qu'ils aient dû se produire les premiers, s'accordaient avec précision aux processus de vie qui survinrent après eux. Voici quels sont les faits :

— En termes d'énergie, les particules ne représentent qu'environ un milliardième des radiations. Mais cette mince couche de matière se révèle avoir précisément l'épaisseur qui convient pour permettre l'évolution de la vie. Si la matière que contient l'univers était juste un peu plus importante qu'elle ne l'est, la très forte densité des étoiles créerait une forte probabilité de rencontres interstellaires qui chasseraient les planètes porteuses de vie hors des orbites sans danger pour elles, ce qui aurait pour conséquence de geler ou de vaporiser toutes les formes de vie qui s'y seraient développées.

— Si la force forte qui retient entre elles les particules du noyau atomique était juste un tout petit peu plus *faible* qu'elle ne l'est, l'isotope de l'hydrogène appelé deutérium n'existerait pas, et le soleil et les autres étoiles ne brilleraient pas. Si cette force était maintenant un tout petit peu plus *forte*, le soleil et les autres étoiles se dilateraient et finalement exploseraient.

— Si le neutron du noyau atomique n'était pas plus lourd que le proton, la durée de vie active des étoiles serait réduite à quelques centaines d'années.

— Si les charges électriques des électrons et des protons ne s'équilibraient pas exactement, tout volerait en éclats et l'univers ne serait fait que de radiations et d'un mélange uniforme de gaz.

— S'il n'y avait pas d'écarts mineurs mais strictement définis rompant les régularités d'ensemble qui régissent la macrostructure de l'univers, il n'y aurait pas de galaxies ni d'étoiles ni de planètes, ces dernières abritant les êtres capables de s'émerveiller de ce que les éléments réguliers et irréguliers soient ajustés avec une finesse et une précision telles que s'en trouve permise l'existence des galaxies, des étoiles et des planètes.

Pour tenter d'expliquer ces coïncidences, certains chercheurs affirmèrent avoir trouvé là la marque de la main d'un Grand Architecte ; d'autres suggérèrent qu'un grand nombre d'univers doivent coexister. (Si, dans chaque univers, les constantes sont choisies au hasard, la loi des grands nombres dit qu'un univers au moins se doit d'avoir des constantes ajustées comme dans le nôtre.) Une autre explication, connue sous le nom de principe anthropique, affirme que l'univers est fait pour la vie et suggère, dans la version extrême de ce principe (inspiré par la mécanique quantique) que l'univers existe parce qu'on l'observe[4].

Cependant, la plupart des chercheurs continuent à faire montre d'un émerveillement mêlé de perplexité. Il reste encore à trouver une explication satisfaisante à ces coïncidences.

LES PARADOXES DE LA BIOLOGIE

Les énigmes des sciences de la vie — notamment en génétique, en microbiologie et en macrobiologie, ainsi qu'en écologie — concernent surtout l'évolution des organismes, la génération et la régénération de leur structure.

L'évolution des espèces

Traditionnellement, les biologistes expliquent les caractéristiques anatomiques des organismes qu'ils observent en se référant à l'histoire particulière d'une espèce donnée ; ils supposent que les caprices des mutations génétiques et de la sélection naturelle ont façonné ces organismes et créé les formes organiques observées aujourd'hui. Les mutations sont considérées comme des « fautes de frappe » dans la répétition du code génétique des parents et sont censées apparaître en nombre plus ou moins constant chez toutes les espèces. Bon nombre de mutants qui résultent des variations dues au hasard sont défectueux à certains égards et éliminés par la sélection naturelle. Cependant, occasionnellement, des mutations dues au hasard aboutissent à une combinaison génétique qui rend l'individu plus apte à vivre et à se reproduire que le contraire. Un tel individu transmet ses gènes mutants aux générations suivantes, et les nombreux rejetons issus de cette mutation prennent la place des individus appartenant à l'espèce qui dominait auparavant.

Des chercheurs comme Richard Dawkins se satisfont entièrement de cette explication. Selon Dawkins, la nature ressemble à un « horloger aveugle » dont les essais et les erreurs engendrent le panorama entier de l'ordre et de la diversité dans la biosphère. Mais beaucoup d'autres scientifiques sont moins convaincus du bien-fondé de cette théorie. Michael Denton, par exemple, se demande si des processus dus au simple hasard pourraient avoir induit une séquence d'évolution dans laquelle même un élément de base tel qu'une protéine ou un gène est d'une complexité qui dépasse de beaucoup les capacités humaines. Peut-on expliquer ou justifier statistiquement l'apparition due au hasard de systèmes complexes tels que le cerveau des mammifères, quand seulement un pour cent des connexions d'un tel cerveau représente un nombre de connexions plus grand que celui de tout le réseau de communications mondial ? Denton conclut que les mutations dues au hasard et perpétuées par la sélection naturelle permettent certes d'expliquer les variations au sein d'espèces données, mais guère le passage d'une espèce à l'autre[5].

Konrad Lorenz a mis en avant un argument permettant de remettre en question la pertinence du mécanisme darwinien en ce qui concerne l'évolution des espèces. Alors qu'il est théoriquement correct, dit Lorenz, d'affirmer que le principe d'une mutation survenue au hasard et celui de la sélection naturelle jouent un rôle dans l'évolution, cela ne peut en soi expliquer les faits. Les mutations et la sélection naturelle peuvent expliquer les variations au sein d'une espèce donnée, mais les quelque quatre milliards d'années accordées sur notre planète à l'évolution biologique n'auraient pas été suffisantes pour que ces processus dus au hasard donnent naissance, à partir de leurs ancêtres protozoaires, aux organismes complexes et organisés de l'époque actuelle[6].

Le mathématicien Hermann Weyl a mis le doigt sur le problème quand il a fait la remarque suivante : comme les molécules sur lesquelles se fonde la vie sont chacune formées d'environ un million d'atomes, le nombre de combinaisons atomiques possibles est astronomique. Mais le nombre de combinaisons susceptibles de créer des gènes viables est beaucoup plus limité. La probabilité selon laquelle de telles combinaisons se produiraient au hasard est négligeable. Une solution beaucoup plus probable, selon Weyl, est qu'une sorte de processus sélectif s'est produit, a fait l'essai de différentes possibilités et a peu à peu édifié des structures d'abord élémentaires, puis de plus en plus complexes. Weyl était d'avis que des « facteurs immatériels comme des images, des idées, des "plans de construction" pourraient être impliqués dans l'évolution de la vie »[7].

Les difficultés qu'il y a à expliquer l'évolution par le hasard sont renforcées par le fait que l'environnement dans lequel les espèces se développent n'est pas constant. Ce qui, à un moment donné, a constitué un habitat favorable peut devenir moins favorable au fil du temps et menacer la survie d'une espèce donnée. Pour survivre, cette espèce doit modifier son plan d'adaptation et en adopter un autre plus conforme au nouveau milieu. Cependant, une telle modification peut être dangereuse. Même si l'espèce produit des mutants qui la rendent en fin de compte apte à vivre dans un environnement nouveau, peut-elle atteindre cet état sans risque de mauvaise adaptation voire d'extinction ? Un grand nombre d'espèces existent encore de nos jours, même si les milieux de la biosphère se modifient sans arrêt, parfois radicalement. A l'évidence, les espèces survivantes ont résolu le problème de se déplacer d'un type de milieu dans un autre. Comment y sont-elles parvenues ?

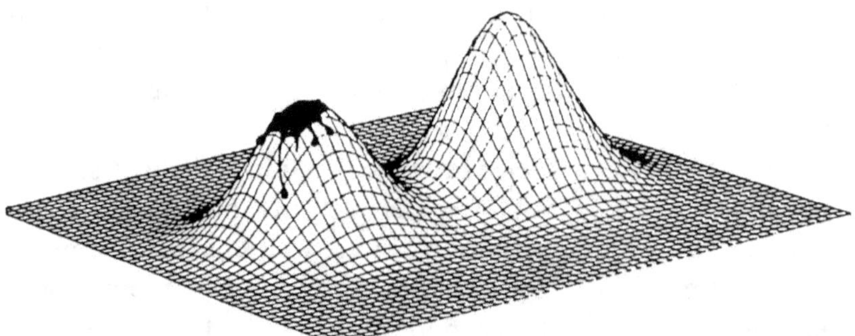

Fig. 4 - Fragment d'un environnement d'adaptation comprenant deux pics d'aptitude. On voit qu'une espèce occupe l'un des pics.

Nous pouvons essayer de mieux déchiffrer cette énigme en la replaçant dans le cadre d'un « paysage évolutionniste ». Imaginons un plan horizontal, une surface à deux dimensions. Ce plan n'est pas complètement plat : ici et là saillent des collines. Chaque variation de l'héritage génétique de l'espèce la fait se déplacer sur le plan selon une direction ou une autre. Les collines ajoutent au paysage un facteur d'aptitude. Plus une espèce est adaptée à son environnement, plus haut elle escalade la colline. Le haut de la colline représente le point d'aptitude maximale.

Selon la théorie darwinienne, les espèces grimpent peu à peu vers le haut de leur colline. Elles introduisent dans leur fonds génétique des variations dues au hasard, et les mutants qui en résultent doivent affronter l'épreuve de la survie. Les mutants inaptes sont éradiqués par la sélection naturelle et cela pousse l'espèce vers le haut de la colline. Toute la question est de savoir si les espèces sont capables également d'aller d'une colline à l'autre.

Dans un environnement stable, cette question ne se pose pas. Les espèces restent sur leur propre colline et se rapprochent toujours plus du sommet. Mais dans un environnement qui se modifie, tôt ou tard un transfert d'un pic d'adaptation à un autre devient nécessaire ; ce qui constituait une véritable aptitude dans un certain ensemble de conditions peut devenir une source d'extinction dans d'autres conditions. Cependant, les espèces n'ont pas de routes aériennes qui mènent de leur colline, celle qui est en train de disparaître, à d'autres, plus stables ou en train de s'édifier. Pour arriver à un autre sommet de colline, elles doivent d'abord descendre dans la vallée. Or celle-ci, dans la théorie darwinienne, est interdite. Les mutations dues au hasard vont produire un vaste assortiment de mutants, et ceux qui, parmi eux, se révèlent les moins aptes seront éliminés par la sélection naturelle. Les plus aptes, cependant, feront grimper l'espèce vers le haut de sa colline actuelle. Par conséquent, les espèces ne peuvent régresser sur la pente de l'aptitude. La sélection naturelle les enchaîne à leur colline.

Comment les espèces ont-elles donc fait pour trouver leur chemin de colline en colline tout au long de l'histoire de leur évolution ? Cela reste une énigme. Quelques biologistes supposent que les espèces, lorsque leur colline commençait à diminuer, produisaient un grand nombre de mutants. Certains agissaient peut-être en éclaireurs, descendaient de la colline jusque dans la vallée et, de là, grimpaient sur la colline la plus proche. Mais on voit difficilement comment ces éclaireurs mutants auraient pu survivre assez longtemps pour aller de leur ancienne colline à la nouvelle, même si, comme l'a fait remarquer Sewall Wright, dans les populations peu nombreuses, les erreurs dues au hasard augmentent l'importance de la mutation par rapport aux effets de la sélection naturelle. Mais l'espace génétique est vaste, et étant donné que les mutations se produisent au hasard tandis que l'aptitude d'une espèce à s'adapter se limite à un petit sous-ensemble d'éventuels mutants, la plupart des mutants effectivement produits se révéleront sans doute moins aptes que leur progéniteurs. Ils seront donc éliminés, même s'ils conduisent l'espèce dans une direction juste. Bien que Sewall Wright ait suggéré que des populations peu nombreuses (qu'on appelle des dèmes) puissent rencontrer accidentellement une pente d'aptitude — et, par suite, être poussées à l'escalader par la sélection naturelle —, il semble plus probable que ces espèces se dirigent plutôt vers l'extinction.

Évidemment, les espèces bien adaptées ne mouraient pas quand leur colline disparaissait, elles allaient à la recherche d'une nouvelle colline qui leur convienne. Dans le darwinisme et le néodarwinisme, ce paradoxe ne trouve pas de solution convaincante. Cela n'aurait peut-être pas constitué une surprise pour Darwin lui-même, car il n'aurait pas rejeté totalement l'intervention d'une quelconque divinité. Mais, au fil du temps, ses théories furent considérées comme une explication exhaustive des faits.

Il faut aussi expliquer la *cohérence de l'ordre* qui résulte du processus de l'évolution, et ici encore les paradoxes persistent. Les espèces vivantes sont remarquables autant par leur cohérence que par leur diversité. Par exemple, les ailes des oiseaux et des chauves-souris sont l'équivalent des nageoires des phoques, et aussi des membres antérieurs des amphibiens, des reptiles et des vertébrés, toutes ces espèces n'ayant aucun rapport phylogénétique ni avec les oiseaux ni avec les chauves-souris. Tandis que la taille et la forme des os sont très différentes, les os, eux, occupent une position relative similaire, à la fois dans l'aile, le membre ou la nageoire, et par rapport au reste du corps. Chez des espèces différentes, on peut observer des caractéristiques communes, par exemple la position du cœur et aussi celle du système nerveux : chez les espèces qui possèdent un endosquelette, le système nerveux est en position dorsale (en arrière) et le cœur en position ventrale (en avant), tandis que chez les espèces qui ont un exosquelette, ces positions respectives sont inversées. De plus, certains traits anatomiques hautement spécifiques sont les mêmes chez des espèces dont l'histoire de l'évolution est extrêmement différente. L'œil en est un exemple frappant : sa structure de base semble avoir été inventée indépendamment par non moins de quarante espèces sans lien phylogénétique.

Ensuite, il y a de grandes similitudes entre des groupes entiers d'espèces et de genres. Malgré la stupéfiante diversité des organismes qui sont apparus à l'époque cambrienne, les espèces qui peuplent la biosphère se regroupent en à peu près deux douzaines de grands groupes taxonomiques, et l'on est frappé par l'ordre et la régularité qui règnent au sein de ces groupes, de même qu'entre eux.

Même au niveau d'organisation le plus élevé de la biosphère, il y a des éléments d'ordre et d'organisation frappants. Ils ont incité James Lovelock à avancer l'« hypothèse Gaia », selon laquelle la biosphère est un système vivant en soi. Il est arrivé à cette conclusion en découvrant la régulation précise des constantes essentielles de l'environnement physique, chimique et biologique de la planète, à commencer par l'ajustement de la température et de la composition chimique de l'air, de l'eau et du sol[8].

Est-ce qu'un processus d'évolution graduel et dû au hasard aurait été capable de produire un tel ordre, une telle organisation ? L'importance du hasard, nous l'avons vu, a été sérieusement contestée, et maintenant, c'est le caractère graduel du processus qui est, à son tour, remis en question. Les paléontologistes contemporains attaquent la conception selon laquelle la sélection naturelle aurait agi graduellement et d'une façon continue : ils affirment que le « gradualisme phylogénétique » est incorrect (dans *De l'origine des espèces*, Darwin déclarait : « La sélection naturelle [...] ne peut pas produire de grandes ni de soudaines modifications ; elle ne peut procéder que par courtes et lentes étapes. » Quelque cent vingt ans après la publication de l'œuvre maîtresse de Darwin, deux paléontologistes américains, Stephen Jay Gould et Niles Eldredge, ont introduit la notion de « saut » dans l'évolution des espèces[9]. D'après la théorie des « équilibres ponctués », les espèces nouvelles tendent à faire leur apparition dans des limites de temps relativement brèves, habituellement de 5 000 à 50 000 ans. Non seulement des espèces individuelles, mais des genres entiers apparaissent, parfois brusquement, à certaines époques. Par exemple, l'explosion de l'époque cambrienne a vu apparaître en l'espace de quelques millions d'années la plupart des espèces invertébrées qui peuplent à présent la terre.

Le rejet du gradualisme en faveur d'explosions évolutionnistes met la théorie de la macro-évolution en accord avec la théorie de la thermodynamique des systèmes de non-équilibre : dans les deux cas, l'apparition de systèmes complexes entraîne la déstabilisation critique des systèmes existants et l'apparition d'ordres nouveaux dans des processus qui sont discontinus et non-linéaires. Toutefois, ni la théorie physique ni la théorie biologique ne peuvent résoudre l'énigme de l'émergence de l'ordre dans le laps de temps disponible. Les deux théories dépendent du hasard, même si le hasard, dans la nouvelle théorie biologique, concerne non les individus et les reproducteurs isolés qui survivent, mais toute une hiérarchie comprenant les espèces, les populations et même les écosystèmes qui les encadrent.

Le hasard, cependant, est une explication insuffisante des faits observés. Selon M. P. Schutzenberger il faut une foi aveugle dans la théorie darwinienne pour croire que le hasard seul aurait pu faire apparaître dans la lignée des reptiles ces merveilleuses machines volantes que sont les oiseaux. Ou que le même hasard aurait à lui seul produit le développement des mammifères après l'extinction des dinosaures. En effet, les mammifères représentent une avancée considérable sur l'axe de la complexité où se trouvaient déjà avant eux les poissons, les batraciens et les reptiles. D'après Schutzenberger l'évolution contredit catégoriquement les thèses de Gould sur le hasard[10]. Le généticien G. Sermonti est du même avis : il y a beaucoup de raisons pour mettre en doute que les transformations subites qui sont à l'origine des espèces nouvelles aient pu être produites par les mécanismes darwiniens. Comment croire que des petites mutations et la sélection naturelle aient produit un dinosaure à partir d'une amibe[11] ?

Le paléontologiste Roberto Fondi résume les critiques adressées à la théorie darwinienne en établissant d'abord les trois postulats sur lesquels elle repose :

1. La vie est apparue spontanément par l'assemblage de molécules chimiques.

2. La vie a été l'objet d'un processus de transformation graduelle lui ayant permis de passer de formes simples à des organismes de plus en plus complexes.

3. L'origine et la transformation de la vie sont dues à l'action de forces naturelles (électromagnétisme, gravitation, etc.) plutôt qu'à des facteurs métaphysiques ou spirituels.

D'après Fondi, les découvertes récentes ont réfuté ces trois postulats. L'assemblage spontané de molécules ne suffit pas pour faire émerger des organismes complexes. Même les bactéries et les algues les plus anciennes sont trop complexes pour résulter de processus aléatoires, étant donné le temps dont elles ont disposé pour apparaître. Le deuxième postulat est réfuté par la paléontologie. Ainsi que le disent Gould et Eldredge, les séquences de fossiles observées contiennent des lacunes importantes : des espèces apparaissent subitement, parfois très différentes de leurs prédécesseurs, et restent inchangées pendant des millions d'années. Puis elles disparaissent et sont remplacées par d'autres espèces. A la différence d'Eldredge et Gould, Fondi affirme que ces discontinuités sont trop radicales pour autoriser l'interprétation darwinienne selon laquelle les nouvelles espèces ne sont qu'une modification des anciennes. L'arbre de la vie n'a que des feuilles et des rameaux mais il manque un tronc qui les unisse. Il ne peut pas tenir debout tout seul.

Le point de vue de Fondi est que des facteurs métaphysiques participent au développement de l'évolution biologique, un processus qui n'est en rien l'évolution telle qu'elle est comprise par le darwinisme. La matière vivante n'est pas de la matière ordinaire mais de la « matière informée ». L'évolution des organismes est déterminée par un projet situé à l'intérieur de la matière vivante plutôt que par le hasard, la nécessité ou des lois de type mécaniste. Les espèces ne proviennent pas du néant, elles existent potentiellement bien avant leur apparition. Les archétypes biologiques de Fondi (qui rappellent les plans de Weyl) sont des facteurs non physiques qui guident le déroulement de l'évolution biologique[12].

Nous laissons pour plus tard la discussion de la validité des postulats de Fondi et de Weyl. Bornons-nous ici à noter qu'un nombre croissant de biologistes se rallient au point de vue selon lequel l'évolution biologique est bien autre chose que ce que la théorie darwinienne courante veut faire croire. Bien qu'un grand nombre d'hypothèses et de théories aient été échafaudées, aucune réponse satisfaisante n'a encore été donnée. Le paradoxe de l'accroissement de l'ordre dans le domaine du vivant demeure inchangé.

Génération et régénération des organismes

Une fois qu'une espèce a évolué, comment font les individus qui la composent pour créer leur forme organique spécifique ? Les organismes unicellulaires peuvent se reproduire par scissiparité, transférant l'ADN de leurs chromosomes dans les nouvelles cellules par simple division. Mais des espèces plus complexes doivent se reproduire à partir de leurs cellules reproductrices ; si elles procèdent ainsi c'est que, vraisemblablement, chaque cellule possède la totalité des instructions qui permettent de fabriquer l'organisme entier. Mais est-ce vraiment le cas ?

Le fait que les espèces se reproduisent selon le type parental, que d'un œuf de poule sorte un poulet et non pas un faisan, demande une explication. Cette explication est en général donnée en termes d'ADN : on suppose que le code génétique de chaque espèce contient le schéma directeur qui permet d'aboutir à l'organisme entier. Cette hypothèse soulève quelques problèmes. Tout d'abord, le code génétique est souvent très proche chez des espèces très différentes, et différent chez des espèces relativement proches. L'ADN du chromosome du chimpanzé est à 99 % le même que celui de l'homme, tandis que des amphibiens qui ont beaucoup de traits morphologiques communs ont des ADN très différents.

Le problème remonte à l'évolution du code génétique lui-même. Comment l'évolution pourrait-elle produire des modifications de l'ADN susceptibles d'assurer la viabilité d'une espèce ? Un seul ou bien quelques rares changements positifs dus à une mutation ne seraient pas suffisants, il faudrait toute une série de mutations coordonnées. L'évolution des plumes ne produit pas un reptile capable de voler ; des changements radicaux des muscles et de la structure osseuse sont également nécessaires, ainsi qu'un métabolisme plus rapide nécessaire pour le vol. Chaque innovation en elle-même ne constitue guère un avantage en ce qui concerne l'évolution, et elle a toutes chances d'être éliminée. On a du mal à imaginer comment l'évolution aurait pu procéder à l'élaboration par degrés du code génétique de l'espèce survivante.

La façon dont l'ADN rend compte des remarquables processus qu'implique l'embryogenèse constitue une autre énigme. Dans le cas des mammifères, le développement de l'embryon nécessite dans l'utérus le déploiement ordonné de quantité de processus dynamiques impliquant l'interaction coordonnée de milliards de cellules qui se divisent. Si ce processus était entièrement codé par les gènes, le programme génétique devrait être complet, détaillé et suffisamment flexible pour orienter la différenciation et l'organisation des processus dynamiques dans des conditions différentes. Pourtant, le code génétique est le même pour chaque cellule de l'embryon. On a du mal à concevoir comment il pourrait guider et coordonner la totalité de leurs interactions.

Le Prix Nobel de biologie François Jacob a montré que l'on sait fort peu de chose des circuits de régulation, ou de la formation et du développement embryonnaires. Hormis quelques vagues notions d'environnement épigénétique et de champ biologique, la seule logique que les biologistes maîtrisent réellement est linéaire et unidimensionnelle. Si la biologie moléculaire s'est développée rapidement, a souligné Jacob, ce fut en grande partie parce que l'information en microbiologie est déterminée par des séquences linéaires de blocs fondamentaux. Il apparaissait ainsi que tout était linéaire et unidimensionnel : le message génétique, les relations entre les structures primaires, la logique de l'hérédité, et ainsi de suite. Cependant, dans la formation et le développement d'un embryon, le monde n'est plus linéaire. La séquence fondamentale unidimensionnelle des gènes détermine deux dimensions qui se plient d'une manière précise pour produire les tissus et les organes à trois dimensions donnant à l'organisme sa forme et ses propriétés. Selon le professeur Jacob, la façon dont cela se produit demeure un mystère. Les principes des circuits de régulation impliqués dans la formation de l'embryon ne sont pas connus. Et, alors que l'anatomie moléculaire d'une main humaine est connue en détail, on ne sait presque rien de la manière dont l'organisme se donne les instructions nécessaires à la fabrication de cette main[13].

Il existe un problème semblable pour la régénération d'une structure organique endommagée. A l'évidence, l'autoréparation effectuée par l'organisme a valeur de survie, et on peut supposer que la sélection naturelle favorise les mutations qui augmentent la capacité des programmes de réparation de l'organisme. L'énigme, c'est que les organismes possèdent des programmes de réparation qui ne résultent pas de la sélection naturelle : le genre de dommage qu'ils réparent n'aurait pas pu se produire chez leurs ancêtres. Les chercheurs, en laboratoire, peuvent décider d'amputer des organes ou des membres entiers, et même de réduire des organismes à leurs cellules constitutives. Or, il existe des organismes entiers qui peuvent réparer des formes de dommages aussi arbitraires que celles-ci.

L'un des plus remarquables parmi ces organismes est l'éponge de mer. L'éponge est un véritable organisme pluricellulaire composé de plusieurs types différents de cellules étroitement coordonnées en fonctions spécialisées. Lorsqu'on coupe les éponges et que l'on en fait passer les morceaux à travers un tamis suffisamment fin pour que toutes les connexions intercellulaires soient détruites, les cellules isolées sont capables de se rassembler pour reformer l'organisme entier. Il semble que les cellules soient guidées par un système d'orientation qui fonctionne même quand les cellules sont séparées les unes des autres.

Les oursins sont capables d'accomplir le même tour de force. Ce sont des organismes complets, dotés d'un tube digestif, d'un système vasculaire, de pieds en forme de tubes pour la locomotion, et d'un anneau de plaques entourant le squelette. Quand cet organisme est privé du calcium dont il a besoin pour fabriquer son squelette, les parties qui le constituent se dissocient et il se dissout en une masse de cellules indépendantes. Mais quand le taux de calcium requis réapparaît, les cellules se réorganisent et reconstituent l'oursin.

Chez des espèces encore plus complexes, une régénération complète n'est pas possible, mais il y a des variétés de régénération qui sont tout aussi remarquables. Si des chercheurs divisent en deux un œuf de libellule et détruisent une des moitiés, l'autre peut encore donner naissance à une libellule entière. Si l'on découpe un planaire en plusieurs morceaux, chaque fragment peut produire un ver entier. Si on enlève une patte à un triton, il lui en pousse une autre, ce qui ne se produit pas chez la grenouille, pourtant très voisine du triton. Celui-ci peut même produire un nouveau cristallin : si on l'enlève chirurgicalement, les tissus du pourtour de l'iris en forment un nouveau.

Bien que l'on ait assisté au cours de ces dernières années à des découvertes capitales en génétique, et même s'il doit s'en produire encore à l'avenir, il est peu probable que la génétique seule puisse fournir une réponse complète à la question de la génération et de la régénération de la morphologie des êtres vivants. De nombreux chercheurs ont abouti à la conclusion que l'organisation morphologique se fonde aussi sur des facteurs extra-génétiques. Gordon Rattray Taylor, par exemple, a suggéré qu'il y a dans la sphère biologique une tendance innée à l'auto-assemblage, et ce, au niveau le plus élémentaire ; Sir Alistair Hardy s'est interrogé sur la présence d'un « plan psychique » qui serait partagé par tous les membres d'une même espèce. Nous avons déjà parlé des plans de Weyl et des archétypes de Fondi ; Jean Dorst, lui, envisage que l'évolution abrite un dessein.

S'ils sont d'accord pour affirmer qu'il doit y avoir des facteurs extra-génétiques (pas nécessairement métaphysiques) qui ont agi au cours de l'évolution, aucun d'entre eux n'a une conception claire de ce que pourraient être ces facteurs et de la façon dont ils entreraient en interaction avec les facteurs génétiques.

Malgré les grands progrès de la génétique et de la microbiologie, le jugement du biologiste Edmund Sinnott demeure valable : les modèles génétiques sont trop simples pour expliquer ces faits. Il y a encore quelque chose de fondamental à découvrir en ce qui concerne le processus de génération des formes en biologie[14].

LES PARADOXES DE L'ESPRIT ET DE LA CONSCIENCE

On fait souvent remarquer que le cerveau humain est la masse de matière la plus complexe qui soit dans l'univers connu. Mais la théorie n'est pas capable de décoder toutes les opérations qui s'effectuent dans ce système d'une extrême complexité ; et elle n'est donc pas davantage capable d'éclairer toutes les facettes de l'expérience humaine. Les neurophysiologistes commencent seulement à comprendre les éléments de base du fonctionnement du cerveau, et cette compréhension ne va pas jusqu'à pouvoir expliquer les mécanismes censés produire la pensée consciente.

Le cerveau et l'esprit — la matière grise physiologique et l'expérience vécue consciente — ne sont peut-être que des aspects différents d'une même réalité, mais nous sommes beaucoup plus familiarisés avec tout ce qui touche à l'esprit qu'avec ce qui a trait au cerveau, car nous avons l'expérience vécue du premier et non du second. La connaissance de notre cerveau est une construction théorique semblable à maints égards à la connaissance de n'importe quel autre système dans la nature.

Ainsi ne serait-il pas surprenant que notre expérience de l'esprit et de la conscience inclue des éléments qui ne sont pas expliqués en termes physiologiques. Souvent, même les explications physiologiques manquent ou sont vagues et sujettes à controverse. Ceci est particulièrement vrai lorsqu'on en vient à considérer les facultés les plus élaborées de l'expérience humaine, telles que l'intuition, la créativité et d'autres aptitudes plus « ésotériques ». Les phénomènes culturels eux-mêmes offrent quantité d'exemples de processus et de produits qui défient toute explication logique, en particulier lorsque la logique en question est celle de la science traditionnelle.

Nous allons examiner ici certains des paradoxes actuels les plus remarquables et peut-être les plus significatifs.

Commençons par les simultanéités qui semblent se produire dans l'évolution de cultures différentes.

Intuitions simultanées

Une corrélation simultanée d'événements distincts et distants n'existe pas seulement dans le domaine des quanta : elle se produit aussi dans l'expérience culturelle de l'humanité, mais sous une autre forme. Mis à part les cas mystérieux de « synchronicité » (qui avaient frappé le psychologue Carl Jung), certains se sont produits dans des circonstances telles qu'il est difficile de prétendre qu'il s'agit simplement de coïncidences. Par exemple, on a constaté, chez des populations qui, vraisemblablement, n'avaient pas eu la possibilité de communiquer et ne se connaissaient même pas, l'apparition de réalisations fondamentales identiques. L'« invention » du feu a peut-être été le premier cas de cette étrange série. L'*Homo erectus*, notre ancêtre direct, a apparemment fait du feu en des endroits très éloignés les uns des autres. Les découvertes archéologiques sont très claires à ce sujet : il y a eu des feux faits par l'homme en des lieux aussi différents que Zhoukoudian, près de Pékin, Aragon, dans le sud de la France, et Vértesszöllös, en Hongrie. Sur une échelle temporelle historique, un grand nombre de populations qui n'avaient pas de relations entre elles ont, semble-t-il, pratiqué l'art du feu, entretenant et transportant des feux presque simultanément.

Ces populations ont aussi fabriqué des outils d'une similitude frappante. La hache à main acheuléenne, par exemple, était un outil très répandu à l'âge de pierre ; elle avait une forme d'amande, de larme ou de goutte taillée des deux côtés de façon symétrique. En Europe, la hache était faite de silex, au Moyen-Orient de quartz ou de calcédoine, et en Afrique de quartzite, de schiste ou de diorite. Sa forme de base était fonctionnelle, mais la similitude des détails de son exécution dans presque toutes les civilisations connues ne peut être expliquée par la découverte concomitante de solutions utilitaires destinées à répondre à des besoins équivalents — les essais et les erreurs auraient eu peu de chances de produire une telle similitude chez des peuples éloignés les uns des autres.

Dans l'histoire, d'autres artefacts semblent avoir pareillement franchi l'espace. Les pyramides géantes de l'Égypte ancienne et celles de l'Amérique précolombienne se ressemblent de façon étonnante et remarquable. Les produits de l'artisanat, la poterie par exemple, ont à peu près la même forme dans toutes les civilisations, et même les outils utilisés dans la technique du feu ont la même forme de base dans différentes parties du monde. Bien que chaque civilisation, celle des Aztèques, des Étrusques, des Zoulous, des Malais, des Indiens et des Chinois, entre autres, ait ajouté des embellissements de son cru, toutes ont façonné leurs outils et bâti leurs monuments comme si elles avaient suivi un schéma de base (un « archétype ») qui leur était commun.

Les réalisations importantes des civilisations classiques des Hébreux, des Grecs, des Chinois et des Indiens sont survenues en des lieux très éloignés les uns des autres, et elles se sont produites presque simultanément. Les grands prophètes juifs vécurent en Palestine entre 750 et 500 av. J.-C. ; Zoroastre est né en Médie aux environs de 660 av. J.-C. ; en Inde, les premiers Upanishad furent écrits entre 660 et 550 av. J.-C., et Bouddha a vécu de 563 à 487 av. J.-C. Confucius enseigna en Chine environ de 551 à 479 av. J.-C., et Socrate vécut en Grèce de 469 à 399 av. J.-C. Les philosophes grecs créèrent les fondements de la civilisation occidentale avec la philosophie de Platon et celle d'Aristote à l'époque même où les philosophes chinois, avec le confucianisme, le taoïsme et le légalisme, élaboraient les concepts de base de la civilisation orientale. Platon fonda son Académie et Aristote son Lycée dans l'Hellade d'après les guerres du Péloponnèse, et d'innombrables sophistes itinérants prêchaient alors devant les rois, les tyrans et les citoyens. Au même moment, en Chine, les « Shih » turbulents et inventifs fondaient des écoles, s'adressaient aux foules, élaboraient des doctrines et louvoyaient au milieu des intrigues des princes qui régnèrent à la fin de l'époque des Royaumes combattants.

Même dans le champ respectable de la science, il y a des cas dûment attestés d'intuitions se manifestant simultanément chez différents chercheurs qui ignoraient les résultats des autres. Les plus connus sont celui de la découverte de calculs accomplis simultanément et indépendamment par Newton et Leibniz, ou celui de Darwin et Wallace, qui découvrirent chacun de leur côté les mécanismes fondamentaux de l'évolution biologique, ou encore celui de Bell et Gray qui inventèrent en même temps le téléphone.

Dans certains cas, l'intuition et la découverte embrassaient différents domaines. Quand Newton se servit d'un prisme pour décomposer les rayons lumineux qui entraient par les fenêtres de sa maison de Cambridge, Vermeer et d'autres peintres flamands étudiaient la nature de la lumière qui traversait vitres et vitraux. Tandis que Maxwell formulait sa théorie électromagnétique selon laquelle la lumière est produite par le mouvement d'ondes électriques et magnétiques, Turner peignait la lumière sous forme de tourbillons. Ces dernières années, les physiciens, dans les « GUT » et autres superthéories, ont étudié des espaces pluridimensionnels ; simultanément (et, semble-t-il, tout à fait indépendamment), des artistes d'avant-garde se sont mis à faire des expériences de superposition visuelle, représentant sur leurs toiles des espaces comptant jusqu'à sept dimensions. Leonard Shlain a étudié ces « coïncidences » en détail et a donné des exemples frappants de ce que les peintres reflètent, quand ils ne les anticipent pas, les découvertes capitales des physiciens[15].

Comme le font remarquer les chercheurs qui étudient la synchronicité, de telles simultanéités sont légion[16]. Certaines sont facilement écartées parce qu'elles sont illusoires ; d'autres sont le fruit d'un simple hasard. Mais beaucoup sont attestées de façon remarquable, et le phénomène lui-même a attiré l'attention de penseurs éminents. Hegel formulait son célèbre concept de « Zeitgeist » — l'esprit d'une époque qui inspire l'esprit de ses contemporains — et Jung proposait l'idée de l'inconscient collectif, ce partage par des civilisations, des cultures différentes, de symboles mythiques et d'archétypes communs.

La mémoire permanente

Il n'est pas nécessaire d'aller jusqu'aux intuitions simultanées et à l'inconscient collectif pour trouver des phénomènes paradoxaux : la mémoire quasi permanente des événements même lointains entre dans cette catégorie.

Le fait est qu'à l'heure actuelle on n'a pas encore répondu à la question de savoir comment le cerveau stocke les impressions d'expériences passées et comment il parvient à se les rappeler. On pense qu'il y a deux étapes dans le processus du souvenir : d'abord retrouver ce souvenir ; puis reconnaître ou vérifier que c'est bien celui-là qu'il fallait. Mais la mémoire ne peut fonctionner que si l'information a été effectivement stockée, et les énigmes portent sur ce mécanisme de stockage.

Beaucoup de neurophysiologistes croient que la mémoire met en jeu des traces ou engrammes qui modifient les synapses entre les neurones. Sir John Eccles et Sir Karl Popper ont écrit que « le rappel d'un souvenir implique la reproduction approximative de ce qui s'était produit au niveau des neurones responsables de l'expérience qui est évoquée ». Et Eccles de conclure : « Nous devons supposer que les souvenirs lointains sont d'une certaine façon encodés dans les connexions neuronales du cerveau. Nous sommes ainsi amenés à conjecturer que la base structurale de la mémoire se trouve dans la modification permanente des synapses[17]. »

Cependant, la recherche des engrammes, ou d'autres modifications synaptiques au moyen desquelles les expériences vécues seraient stockées, n'a pas abouti. Cette recherche commença de façon systématique au cours des années 1940 par la série bien connue d'expériences faites sur des animaux par le neurochirurgien Karl Lashley. Celui-ci essaya de trouver des engrammes permanents dans le cerveau des rats ; pour ce faire, il leur enseignait des routines comportementales spécifiques, puis il prélevait diverses parties de leur cortex pour voir où étaient stockées les instructions qui leur faisaient adopter le comportement qu'ils avaient appris. Il préleva des segments de plus en plus étendus de cortex cérébral, mais il ne trouva pas de corrélation entre une aire cérébrale précise et le souvenir du comportement : il se produisait une dégradation du souvenir proportionnelle à la quantité de cortex prélevée chez les animaux, mais le souvenir ne disparaissait jamais complètement[18].

Actuellement, cette énigme n'a toujours pas été résolue. Le neurophysiologiste J. Z. Young a admis que même si les chercheurs en neurologie croient en une théorie de la modification synaptique, il n'existe guère de preuve directe des détails d'un tel processus[19].

Toutefois, la possibilité d'une mémoire quasi permanente des événements lointains ne peut être négligée. Deux nouveaux courants ont rejoint les tendances classiques à propos de la mémoire introspective : l'un s'inspire des expériences faites sur des personnes en état de mort apparente mais qui sont revenues à la vie ; l'autre vient de la technique d'analyse régressive pratiquée par certains psychothérapeutes.

Depuis l'étude désormais classique d'Elizabeth Kübler-Ross, les états proches de la mort* ont été systématiquement observés et analysés par des psychologues cliniciens et par d'autres chercheurs. Des expériences de ce genre semblent très fréquentes chez des gens qui ont été près de mourir mais qui ont en fait échappé à la mort. Le chercheur

---

* NDE : « Near-Death Experiences ».

Raymond Moody Jr., pionnier en cette matière, conclut qu'il est à présent bien établi qu'une proportion non négligeable de gens revenus à la vie après être passés très près de la mort avait vécu des expériences qui, dans leur ensemble, étaient assez semblables d'un cas à l'autre, quels que soient l'âge, le sexe, l'éducation, le contexte religieux ou culturel du patient et son statut socio-économique[20]. Ces expériences ont modifié le cours ultérieur de la vie des sujets — ils ne redoutent plus la mort mais se concentrent sur l'importance du présent, se sentent plus concernés par les problèmes des autres et pratiquent l'amour du prochain.

Le souvenir de sa propre vie est un élément important dans l'expérience NDE. David Lorimer, qui a accompli un travail sérieux sur l'observation de cas de ce genre, a répertorié deux sortes de manières de se souvenir : la mémoire panoramique, et le fait de revoir le déroulement de sa propre existence — *life review*. Par « mémoire panoramique » il entend une série d'images et de souvenirs sans intervention émotionnelle directe, ou alors très minime, de la part du sujet ; tandis que le déroulement de la vie, assez semblable en apparence, s'accompagne d'une implication affective et d'une évaluation morale[21].

La précision des processus mentaux est remarquable dans les deux cas. Le souvenir est particulièrement vivant dans la mémoire panoramique : les images qui font irruption dans l'esprit du sujet sont remarquablement rapides, réalistes et précises. Lorimer fit remarquer que la succession des souvenirs dans le temps peut varier : parfois elle va de la petite enfance jusqu'au présent ; d'autres fois, elle part du présent et remonte jusqu'à la petite enfance. Parfois encore, il y a superposition, comme dans un faisceau holographique. Les sujets ont l'impression de se rappeler et d'évoquer tout ce qu'ils ont vécu au cours de leur vie, sans avoir manqué aucune pensée, aucun incident.

CHAPITRE 6

Les énigmes et le facteur manquant

Lorsqu'on assemble un puzzle, la tâche devient plus facile à mesure que l'on progresse. L'image apparaît peu à peu, il reste moins de pièces à placer. On peut mettre en place les pièces qui restent en s'aidant des vides qui subsistent encore dans l'image, et c'est une tâche de plus en plus aisée.

A ce stade de notre quête d'une théorie unifiée, il se passe quelque chose de semblable. Nous savons à peu près ce qui manque encore à la représentation scientifique du monde : c'est un principe ordonnateur capable d'expliquer l'accroissement séquentiel de l'ordre et de l'organisation dans l'univers. Nous avons aussi entre les mains quelques pièces et morceaux que nous ne savons où placer : ce sont les paradoxes que nous venons d'évoquer, ceux de la physique, de la biologie et des sciences cognitives. La question est de savoir si une interprétation valable remplirait les espaces manquants dans notre connaissance scientifique du monde.

Afin d'examiner cette question, nous allons résumer l'idée maîtresse de ces paradoxes et essayer ensuite de trouver leur vraie signification.

Dans *le monde de la physique*, le paradoxe qui résulte des expériences de la physique quantique concerne l'état des particules séparées dans l'espace : ces états s'avèrent être instantanément en corrélation.

— Dans les expériences de la double fente et du faisceau

séparé, des photons émis les uns après les autres interfèrent, qu'ils aient été émis quelques secondes auparavant dans un laboratoire ou des milliers d'années avant dans de lointaines galaxies.

— Dans les orbites qui entourent les noyaux atomiques, les électrons s'excluent les uns les autres sur les niveaux d'énergie successifs selon le principe d'antisymétrie de Pauli, même s'il ne se produit pas entre eux d'échange de force dynamique.

— La fréquence de vibration de trois éléments différents : l'hélium, un isotope instable du béryllium et le carbone, s'accorde de façon précise, bien qu'une double résonance soit très improbable, et explique le fait que la production suffisante de carbone soit réalisée pour aboutir à des éléments plus lourds, ceux à partir desquels la vie s'édifie dans l'univers.

— Les constantes physiques de l'univers elles aussi, malgré les probabilités contraires, s'accordent les unes avec les autres. Cela inclut une quantité et une distribution précises de la « matière » de l'univers, des valeurs des forces universelles et de la charge respective des neutrons, des protons et des électrons.

Dans *le monde vivant*, des niveaux élevés de divergence et de convergence se sont manifestés, à la fois en ce qui concerne la morphologie des organismes individuels et leur classement au sein de vastes groupes taxonomiques — bien que l'on sache que l'évolution ne dispose que d'un temps limité et obéit à des processus aléatoires de mutation et de sélection naturelle.

— A l'intérieur des rameaux évolués qui constituent les ordres, on sait que les organismes individuels reproduisent leurs structures pluricellulaires complexes, même si chacune de leurs cellules ne contient qu'un ensemble identique d'instructions génétiques, lesquelles, de surcroît, n'ont sans doute pas évolué par des mutations aléatoires dépendant d'un heureux hasard trié par la sélection naturelle.

Dans *le domaine des sciences cognitives*, les informations

sont, semble-t-il, occasionnellement transmises par des moyens qui dépassent le cadre de la perception sensorielle. On s'aperçoit qu'un tel transfert d'informations se produit non seulement au niveau des individus, mais aussi à celui de cultures tout entières, et pas seulement chez les peuples primitifs, mais aussi dans la société moderne et même dans le cadre rigoureux des disciplines scientifiques.

Qu'allons-nous faire de ces découvertes paradoxales ? Impossible de se contenter de les écarter, car la plupart d'entre elles se produisent dans des conditions reproductibles, et certaines ont été faites au cours d'expériences rigoureusement contrôlées. Au lieu de cela, nous allons essayer de leur donner une signification.

• Nous commencerons par faire remarquer que les paradoxes du monde de la physique concernent d'une part la transmission de l'information entre particules, d'autre part la coordination de leurs propriétés. Dans certaines conditions, une particule est immédiatement « informée » de l'état d'une autre particule, même si toutes deux n'échangent pas des formes connues d'énergie et sont situées en des points différents de l'espace et du temps. De plus, les propriétés des principales sortes de particules, et celles des forces de la nature, sont coordonnées avec précision dans l'espace et dans le temps.

• Les paradoxes du monde vivant concernent la limitation du hasard dans le processus de l'évolution et la nécessité de l'existence d'un facteur capable d'infléchir les probabilités des variations en faveur de l'ordre et de la cohérence. Pour la génération et la régénération, il semble qu'un facteur supplémentaire soit requis, qui informe les cellules des organismes pluricellulaires de la structure dynamique qui caractérise l'organisme entier. A des niveaux plus élevés d'organisation, un facteur d'information analogue est nécessaire pour expliquer l'adaptation des organismes à un milieu instable offrant des « niches écologiques » variables.

• Les paradoxes de l'expérience humaine ont trait à la transmission de l'information entre individus ou groupes d'individus dans des conditions qui dépassent les limites des organes des sens — mais aussi, semble-t-il, celles de l'espace et du temps.

Ce sont de sérieuses énigmes, et il faut les analyser avec soin. Elles ne sont pas sans précédents : le rôle de la nature est d'être mystérieuse, de même que le rôle de la science est d'élucider les mystères. Mais la science doit jouer ce rôle avec souplesse. De temps en temps, il lui faut se pencher sur des théories qui constituent des innovations fondamentales. C'est probablement le cas en ce qui concerne les paradoxes dont nous venons de parler. Pour résoudre ces énigmes il faut envisager la venue d'innovations fondamentales dans les théories admises actuellement.

1 - *La physique.* A moins qu'elles n'ouvrent la voie à de nouvelles perspectives permettant de parfaire leurs théories fondamentales, les interactions à distance, les propriétés à la fois ondulatoires et corpusculaires de la matière, les corrélations non dynamiques, etc., empêcheront les physiciens quantiques de triompher de la philosophie du « dragon fumant » et de dépasser les « observations » et « phénomènes » pour s'attacher aux réalités des observables mêmes.

2 - *La biologie.* Les biologistes affrontent un besoin correspondant d'innovation dans les théories. La génération, la régénération et l'évolution des organismes complexes constitueront toujours un « problème de forme » tant que les chercheurs, dans leurs explications, n'iront pas au-delà du mécanisme génétique des organismes individuels pris isolément. Et aussi longtemps que l'on croira que l'évolution repose entièrement sur les processus aléatoires de la mutation et de la sélection naturelle, les biologistes seront incapables d'expliquer la logique et la complexité observées dans la nature.

3 - *Les sciences cognitives.* A la fois les sciences « douces » centrées sur la psychologie et la branche « dure » de la neurophysiologie se trouvent placées devant un défi fondamental : reconnaître des phénomènes qui ne peuvent s'expliquer par la thèse classique que tout ce qui est dans

l'esprit doit y être entré grâce aux organes des sens. Dans ces sciences il faut envisager et étudier avec beaucoup de sérieux l'existence de canaux de communication entre le cerveau et le monde, canaux qui pourraient conduire vers d'autres cerveaux ou même d'autres cultures.

En fin de compte, ces paradoxes ont en commun une signification de base. La conclusion vers laquelle ils tendent est que *les choses et les événements de ce monde sont en relation plus étroite que nous n'avons tendance à le penser.* Il est pertinent d'envisager l'existence d'un facteur qui établirait des connexions dans tous les domaines de la nature, celui de la physique comme celui des êtres vivants. En l'absence de connexions de ce genre, rien de plus intéressant que l'hydrogène et l'hélium ne serait survenu dans l'univers ; la présence de systèmes complexes comme ceux qui sont nécessaires à la vie devrait alors être attribuée à un hasard inconcevable, voire à la volonté d'un créateur omniscient. L'évolution des systèmes vivants, leur génération, leur régénération et la communication qui existe entre eux — y compris la communication directe entre les humains — tous ces faits continueraient à susciter l'étonnement, des envolées poétiques ou la crainte religieuse, mais ne constitueraient pas un objet de connaissance scientifique.

En revanche, si les scientifiques admettaient l'existence d'un facteur d'interconnexion dans leurs théories, bon nombre des paradoxes que nous avons examinés pourraient être résolus. Et cette solution nous donnerait peut-être en même temps une explication du principe ordonnateur qui fait encore défaut dans les théories scientifiques unificatrices.

DEUXIÈME PARTIE

La torche

INTRODUCTION

Comme toute histoire intellectuelle, l'histoire de la quête de l'unification est une chronique d'essais et d'erreurs. Mais, comme pour tous les essais et toutes les erreurs, elle contient des leçons importantes, susceptibles d'aider ceux qui persévéreront dans cette voie. Ces leçons peuvent à présent être brièvement résumées.

Tout d'abord, nous voyons bien qu'il n'est plus raisonnable ni même nécessaire d'essayer d'élaborer un concept unifié du monde connu et connaissable à partir d'un niveau de base contenant les « briques » ultimes de la réalité. Les possibilités en ont été explorées tant et plus, d'abord par Démocrite et les philosophes atomistes, puis, en l'espace de trois siècles de science moderne, par les physiciens, les chimistes et autres scientifiques spécialisés dans les sciences de la nature. Quand l'atome se révéla sécable, la doctrine atomiste fut abandonnée pour l'étude des particules élémentaires. Et ce n'est que du jour où, à leur tour, les particules élémentaires semblèrent se fondre dans l'indétermination des interactions qui se produisent dans les champs que la notion de constituants de base fut quasiment abandonnée.

L'échec de la doctrine atomiste a d'importantes conséquences pour notre compréhension de la nature de la réalité. Cela revient à dire que chercher à savoir ce qu'est un atome, une particule ou même un champ « en soi » est illogique et voué à l'échec. Se lancer dans le débat matérialisme/idéalisme, c'est méconnaître les tendances de la science contemporaine au cours de ces dernières années, tendances qui ôtent toute signification aux spéculations sur le caractère matériel ou idéal (ou matériel *et* idéal) d'une entité ultime. Seuls les physiciens quantiques, qui s'intéressent toujours au comportement des particules individuelles, se trouvent impliqués dans ce débat. Mais ils sont perplexes et déconcertés : au plus bas niveau observable de la réalité, les quanta dansent un étrange ballet, incompréhensible et ne peuvent être considérés en tant qu'entités objectives. Leur perplexité n'est peut-être pas sans fondement ; la réalité du monde n'est sans doute pas compréhensible si on la considère comme l'addition de parties indépendantes, que ces parties soient des quanta, des organismes ou des galaxies.

Il existe une solution autre que l'approche par le niveau de base, comme l'a montré la théorie du *bootstrap*. Cette solution consiste à prendre l'ensemble d'événements dans lequel se trouve inclus tout événement donné et à trouver ce qui revient à chacun d'après les relations qui constituent l'ensemble dans son entier. Dans cette entreprise, il n'est pas nécessaire de supposer qu'il existe une réalité « sans fond » — que la réalité est constituée par des relations purement idéales. Il se pourrait bien qu'il existe une réalité au-delà de la mathématique, même si cette réalité n'est pas décomposable en ses éléments constitutifs. Cette réalité pourrait être un *continuum* fait de champs et de l'interaction de ces champs. C'est précisément l'hypothèse sur laquelle se fondent les théories des champs quantiques. Ce sont les champs quantifiés dans leur totalité qui constituent chaque événement, plutôt que des événements particuliers qui constitueraient les champs.

La différence se révèle importante : comme on le sait, le tout est plus que la somme des parties. Par conséquent considérer que le tout constitue la partie ou que la partie constitue le tout n'est pas la même chose. Un champ globalement structuré n'est pas réductible aux interactions qui se produisent entre les particules indépendantes, même si ce champ est constitué par l'ensemble des interactions qui se produisent entre ces particules. Il est arbitraire de considérer une particule comme étant isolée du champ. Cela donne des résultats qui sont au mieux incomplets et parfois incompréhensibles — voire faux.

Si nous avons à cœur de profiter des leçons que nous a enseignées l'histoire de la quête de l'unification, nous remplacerons la recherche des éléments ultimes par celle de schémas dynamiques des champs dans des ensembles interactifs. Ce changement de perspective nous permettra de reconnaître qu'il ne rime à rien de discuter à perte de vue pour savoir si le monde est matériel (c'est-à-dire composé de matière en ce qui concerne ses éléments ultimes), ou bien s'il est idéel (c'est-à-dire s'il est fait d'entités idéales telles que des formes géométriques). Ce qui est pertinent, c'est de considérer que ce monde est constitué de champs pluridimensionnels continus avec des discontinuités critiques. Les quanta interagissent dans les champs et se disposent en schémas de plus en plus complexes. La façon dont les quanta d'énergie-matière forment des configurations a peu ou pas de rapport avec le fait qu'ils soient matériels ou idéaux ; *le problème ne réside pas dans ce que nous appelons les parties, mais dans la manière dont nous définissons la dynamique de l'ensemble.* Cette dynamique se déploie comme une auto-organisation progressive (mais pas nécessairement linéaire) qui transforme un état initial hypothétique de désordre (« chaos ») en des états d'ordre croissant (« cosmos »).

Le défi face auquel se trouvent les véritables théories de l'unification constitue à identifier le principe ordonnateur qui sous-tend le déploiement du cosmos à partir du chaos. Jusqu'ici, ce principe est imparfaitement compris. Il manque totalement dans les « GUT » de la nouvelle physique et on ne le maîtrise qu'incomplètement dans la thermodynamique irréversible des systèmes complexes. La théorie du *bootstrap*, populaire pendant les années 1960 et 1970, ne s'étendit pas au-delà du domaine des particules élémentaires, et les théories du champ quantique n'essayèrent pas sérieusement de le dépasser. Et le fait d'expliquer la complexité transphysique au moyen de l'ordre impliqué sous-jacent ou par les champs morphogénétiques, se heurte à des difficultés conceptuelles considérables.

La tâche fondamentale d'une approche unifiée de la réalité est encore bien loin d'être accomplie. Toutefois, on peut préciser la nature même de cette tâche. C'est ce qu'a fait récemment le philosophe des sciences Errol Harris[1]. D'après lui, une véritable « cosmologie globale » doit :

— tenir compte de ce que l'univers est un tout, un ensemble indivisible fait de parties distinctes mais reliées de façon indissociable ;

— fournir le principe d'organisation qui soit universel pour tout le système, un principe immanent contenu dans toutes les parties de l'univers, chacune d'entre elles l'exprimant et l'illustrant ;

— donner l'échelle hiérarchique de différenciation qui stratifie toutes les parties en une progression de niveaux de complexité croissante, de sorte qu'une partie après l'autre exprime et manifeste ce principe plus et mieux que celles qui l'ont précédée ; et

— mettre en évidence un réseau complexe d'interdépendances où tous les éléments sont réciproquement ajustés l'un à l'autre sur le plan de la structure et de la fonction.

L'identification du principe qui sous-tend l'ordre et l'organisation du cosmos, disait Harris, c'est ce qu'entreprennent ceux qui sont en quête d'une théorie unifiée de la réalité. C'est aussi le but des chapitres qui suivent.

CHAPITRE 7

Bases d'une théorie unifiée

Nous sommes à la recherche du système de pensée le plus simple possible qui soit susceptible d'établir un lien entre les faits observés.

ALBERT EINSTEIN,
Comment je vois le monde (1934).

La nature, semble-t-il, s'ordonne elle-même en un vaste mouvement évolutif qui, d'un état initial de *chaos*, tend vers un état de *cosmos*. Au cœur de ce processus se trouve le principe qui introduit l'ordre dans la multitude des particules de matière qui constituent l'espace et le temps : c'est ce que nous avons appelé le principe ordonnateur. Si l'univers est effectivement unitaire, ce principe s'appliquera à tous les domaines qui le concernent et à tous les niveaux d'ordre et d'organisation. Dans ce cas, un principe *général* d'ordre constituera une représentation du processus à l'œuvre plus fidèle que ne le feraient des principes séparés et des disciplines distinctes s'appliquant à des niveaux particuliers d'évolution.

A ce stade de nos investigations, nous savons non seulement qu'il doit exister un principe général ordonnateur, mais nous possédons aussi un indice possible sur sa nature. Cet indice nous est donné par l'hypothèse que les énigmes proviennent du fait que la science actuelle ne tient pas compte de l'existence d'un facteur de connexion qui existe dans la nature. Lorsque nous appréhendons ce facteur, nous appréhendons du même coup un trait essentiel du principe ordonnateur. La nature de ce trait est le sujet de l'enquête que nous entreprenons ici.

Les énigmes qui persistent impliquent qu'il existe dans l'univers des connexions spatio-temporelles qui soient plus proches, plus immédiates que celles qui sont admises dans les théories scientifiques actuelles. Ces connexions vont au-delà des notions physiques admises parce que la transmission des effets transcende les limites normales de l'espace : des événements éloignés l'un de l'autre se révèlent être instantanément en corrélation. Ces liens paradoxaux ne tiennent pas compte non plus des relations admises jusqu'alors dans le temps : des événements qui se sont produits dans un passé proche ou lointain semblent interagir sans atténuation avec des événements qui se déroulent au moment présent.

Ces découvertes suggèrent que des changements fondamentaux devront intervenir dans nos théories scientifiques : les théories actuelles n'admettent pas l'existence d'événements qui ne seraient pas limités par la distance spatiale et le temps. Par conséquent, la science devrait se préparer à entreprendre une nouvelle révolution, laquelle consisterait à admettre que se produisent des corrélations qui transcendent les notions d'espace et de temps telles que nous les considérons à l'heure actuelle, que les notions classiques de causalité puissent être violées.

Ces concepts sont sans doute révolutionnaires, mais ils ne sont pas métaphysiques. Nous trouvons dans la science même des bases solides qui nous permettent de comprendre les connexions qui transcendent l'espace et le temps. Commençons par les concepts de connexions spatiales.

Pour lier l'espace : les champs

Supposons que deux événements se produisent en des points différents de l'espace. Si un événement affecte l'autre, nous devons expliquer comment l'effet se propage. L'explication fournie par le bon sens est que les deux événements sont interconnectés. Par exemple, nous pouvons nous représenter les événements observés comme les nœuds d'un filet de pêche. Le filet est extrêmement fin et invisible, sauf là où les brins sont noués. Quand un nœud se déplace, cela signifie qu'en ce point précis le filet même se déplace. Puisque le filet est continu, un mouvement en un point quelconque se communique à tous les autres points : partout ailleurs sur le filet, les nœuds vont se déplacer. La présence du filet signifie que tous les nœuds sont effectivement interconnectés.

Prenons un autre exemple : une série de ressorts dont chacun est relié à ses voisins. Quand on comprime un ressort, cela affecte tous les autres ressorts — ils sont étirés, comprimés ou courbés. Toute la surface bouge de façon cohérente mais non uniforme. Il en va de même quand les ressorts sont des vibrations qui se produisent dans l'espace à des fréquences spécifiques. Si les vibrations locales sont interconnectées (par exemple par des champs de forces), un changement de fréquence de l'une produit des changements correspondants de la fréquence des autres. C'est fondamentalement ainsi que les théories des cordes conceptualisent les particules élémentaires : dans ces théories, les particules sont des schémas de vibrations localisés situés dans des champs vibratoires continus.

Ce concept de champ n'est pas nouveau ; la nécessité de relier des événements survenant en différents points de l'espace résultait déjà de la théorie de la gravitation de Newton. L'« action à distance » a toujours été une notion inacceptable : si un événement survenant en un point A de l'espace fait se produire un autre événement au point B, il existe forcément un moyen de transmettre l'effet de A à B. Au XVIIIe siècle, les physiciens commencèrent à interpréter l'action de la gravitation comme celle d'un champ gravitationnel. Ce champ, supposait-on, était formé de toutes les masses ponctuelles existant dans l'espace et agissait sur chaque masse ponctuelle à l'endroit spécifique où elle se trouvait dans l'espace. En 1849, Michael Faraday remplaça cette notion d'action directe sur les charges et les courants électriques par des champs électriques et magnétiques produits par toutes les charges et tous les courants existant à un moment donné. En 1864, James Clerk Maxwell formula la théorie électromagnétique de la lumière en fonction du champ dans lequel les ondes électromagnétiques se propagent à une vitesse finie. Et en 1934, Einstein affirma que le concept de champ tel que Maxwell l'avait énoncé était la transformation la plus profonde et la plus féconde de notre conception de la réalité depuis Newton[1]. Peu après, les spécialistes de physique quantique commencèrent à expliquer l'interaction des particules en fonction des théories du champ quantique.

Dans la physique contemporaine, divers types de champs sont envisagés. Ils ne sont pas tous pertinents en ce qui concerne les interconnexions que nous recherchons. Les champs engendrés localement par des corps rayonnent de ces corps et leurs effets diminuent au fur et à mesure que l'on s'éloigne d'eux. De tels champs incluent le champ d'un fluide en mouvement, les champs électriques et magnétiques qui entourent les corps chargés électriquement, et le champ qui se trouve à l'intérieur d'un solide comprimé.

Il y a toutefois des champs dont l'existence ne dépend pas de corps localisés dans l'espace. Les champs de ce genre sont universels, présents simultanément en tous les points de l'espace. Ils incluent les champs de forces gravitationnels, les champs de radiations, et divers champs nucléaires. Le champ électromagnétique de Maxwell appartient à cette catégorie : le champ existe en tous les points de l'espace, indépendamment de la présence de particules et de corps formés de particules. Les champs quantiques des nouvelles théories unifiées sont eux aussi universels : ils engendrent les particules par interactions spécifiques et ne sont pas engendrés par celles-ci.

Ce que disait Einstein à propos des champs qui transforment notre conception de la réalité est pertinent. Les champs s'avèrent aussi réels que n'importe quel autre phénomène physique ; ils ont une importance fondamentale dans la physique contemporaine. La théorie de la relativité générale d'Einstein requiert déjà qu'on se représente les champs d'une manière réaliste. Si l'on considère cette théorie comme une description de la réalité physique, le *continuum* espace-temps à quatre dimensions est plus qu'une abstraction géométrique. Il constitue un champ traversé par la lumière, et les photons, les quanta de lumière, sont à la fois des ondes et des particules. Les ondes, toutefois, ne peuvent exister hors du milieu qui les transmet ; c'est pourquoi on ne peut, de façon réaliste, concevoir les photons, sinon comme une propagation dans le champ de l'espace-temps. Par conséquent, le *continuum* de l'univers, hautement structuré géométriquement, n'a rien à voir avec les notions ordinaires d'espace et de temps, et concevoir l'espace-temps comme une simple combinaison de l'espace et du temps est un malentendu.

Il en va de même du champ quantique, puisque aucune des particules connues n'aurait de signification, sinon en tant que manifestation des champs d'énergie sous-jacents. L'électron, par exemple, est mathématiquement défini comme une particule ponctuelle (particule sans dimensions spatiales), or une telle particule ne pourrait agir dans l'espace que si elle s'y trouvait effectivement. Et pourtant les électrons agissent dans l'espace : comme le font toutes les autres particules de même charge, ils se repoussent. En physique classique, cette répulsion a été décrite en fonction du champ électromagnétique, tandis que dans la théorie des quanta, elle est décrite par un échange de photons à l'intérieur de ce champ.

Les photons qui s'échangent au cours des interactions sont des particules « virtuelles », et ils n'ont pas d'existence indépendante, sauf lors des interactions. Il en est de même pour les particules créées dans l'interaction des quarks. De même que les électrons interagissent par échange de photons, les quarks interagissent par échange de gluons. Mais dans le cas de la force du gluon (également appelée *color force*), les effets ne diminuent pas avec la distance. Cette force *augmente* avec la distance entre les quarks qui interagissent : la théorie prévoit que le nombre de gluons augmente au fur et à mesure que la distance croît entre les quarks.

Il est déjà remarquable que des particules soient effectivement créées par l'interaction d'autres particules ; mais que davantage de particules soient créées quand celles qui interagissent sont plus éloignées les unes des autres ne peut pas être compris si l'on suppose que l'espace qui les sépare est inerte, vide, ou, d'une manière ou d'une autre, non réel.

Parmi les phénomènes qui seraient invraisemblables si l'on ne pouvait les attribuer aux champs sous-jacents, on trouve les nuages de charges qui environnent les électrons et les quarks (ces nuages sont composés de quarks et d'antiquarks, ainsi que des gluons qui s'échangent sans cesse entre les quarks), et les changements qui se produisent dans les quarks à la suite des interactions (dans les interactions fortes, quand un quark absorbe ou émet un gluon, il change de « couleur » mais non de « saveur » ; dans les interactions faibles, il change de « saveur » mais pas de « couleur »). Les particules, si elles existaient indépendamment les unes des autres dans l'espace et le temps, ne pourraient pas créer d'autres entités par leur interaction, et les entités créées ne pourraient pas elles non plus modifier leurs caractéristiques par des interactions. Seule l'action d'un champ peut expliquer ces divers phénomènes.

Bohm avait raison quand il affirmait que l'hypothèse de relations externes entre les entités physiques est une illusion. Mais, pour remédier à cette illusion, nous n'avons pas besoin d'aller jusqu'à l'ordre impliqué. Il suffit de supposer qu'il existe des champs continus qui sous-tendent les phénomènes observés.

Pour lier le temps : la mémoire

Le second élément du principe ordonnateur ici recherché est le lien qui rattache les événements à travers le temps. Or, si le passé est lié au présent, il doit donc en quelque sorte être « stocké ». Voilà qui suggère qu'il y a dans la nature quelque chose d'analogue à la mémoire. Nous savons que les êtres humains ont une mémoire, comme d'autres créatures vivantes, mais est-ce que le monde inorganique en a une — et est-ce aussi le cas pour l'univers pris dans son ensemble ?

A première vue, évoquer ici le concept de mémoire peut paraître hors de propos. Le lien entre le passé et le présent n'a rien d'extraordinaire — il se manifeste dans tous les domaines de la nature. Sous sa forme de base, la physique le connaît depuis plus de trois cents ans. Le lien avec le temps dans la mécanique classique n'a nul besoin de faire appel à quelque chose d'aussi élaboré que la mémoire : c'est un facteur bien réel qui est sous la dépendance des conditions initiales. Prenons un ballon qui roule le long d'un plan incliné. La vitesse et l'accélération de la balle sont déterminées par la loi de la gravitation appliquée à la taille et au poids de la balle (à supposer que les frottements entre la balle et le plan incliné soient négligeables). La loi de la gravitation est une constante ; elle intervient de la même façon pour tous les objets. Mais la taille et le poids de la balle sont variables : ils déterminent les conditions initiales du déplacement de la balle qui va descendre le long du plan incliné. La combinaison des lois universelles du mouvement et des conditions initiales particulières d'un processus permet aux physiciens de décrire, de prédire et même de « rétro-dire » les événements avec une précision mathématique.

Le lien entre passé et présent, qui est sous la dépendance des conditions initiales, remonte en fait aux origines des temps. La raison en est que les conditions initiales de chaque processus résultent de processus antérieurs qui ont leurs propres conditions initiales. Par conséquent, la chaîne des processus déterminés par des lois constantes auxquelles viennent s'ajouter des conditions initiales variables remonte au commencement du temps, à ce premier instant hypothétique où l'univers a reçu sa première impulsion. Étant donné que les lois du mouvement ne varient ni selon le temps ni selon l'espace (qu'elles sont valables partout et tout le temps), les conditions initiales qui régnaient lors de cet hypothétique commencement ont prédéterminé tout ce qui s'est produit et se produira par la suite.

Mais il a fallu renoncer à la simplicité de cette explication des liens de cause à effet à travers le temps. Plus tôt dans ce siècle, on avait déjà renoncé à la notion de déterminisme classique, et les liens universels dans le temps par l'intermédiaire d'une chaîne de dépendance vis-à-vis des conditions initiales se révélèrent n'être qu'une chimère. On ne peut sérieusement supposer qu'un univers soumis au hasard et aux probabilités se souvienne de son passé ; tout au plus des événements spécifiques laisseraient-ils des impressions durables sur des événements spécifiques qui se produiraient ultérieurement.

Néanmoins, la nature pourrait en principe posséder quelque forme de mémoire au-delà de l'effet limité des conditions initiales. Le fait est que, bien que dans l'espèce humaine elle soit associée à la conscience, la mémoire ne dépend pas de la conscience pour exister. L'ordinateur qui traite le texte qu'on est en train d'écrire a une mémoire, et, bien qu'il soit pourvu d'une logique et d'une certaine forme d'intelligence, il n'a certainement pas de conscience. Une pellicule exposée a une mémoire : elle se « rappelle » le schéma des diverses intensités lumineuses qui ont impressionné sa surface après avoir traversé l'objectif. Une plaque holographique photosensible se souvient du schéma d'interférence de deux faisceaux lumineux cohérents et ce schéma va permettre de reconstituer une image virtuelle tridimensionnelle ; et le plus simple des organismes vivants garde quelques impressions de son environnement, même s'il n'a pas un système nerveux capable d'engendrer l'intelligence.

L'hypothèse qu'il existe une mémoire dans la nature n'entraîne pas, par voie de conséquence, l'hypothèse que la nature doive forcément posséder une conscience.

Pour expliquer un champ doté de mémoire : l'holographie

Alors que la mémoire ne présuppose ni l'esprit ni la conscience, elle suggère la présence d'un champ. Les champs, nous l'avons vu, sont nécessaires pour transmettre des effets entre des événements qui occupent dans l'espace des positions éloignées. Cependant, ils peuvent aussi transmettre des effets entre des événements successifs qui se produisent au même endroit ou à des endroits différents dans l'espace, pourvu qu'ils soient capables de conserver l'information qui transmet les effets. Supposer qu'une telle capacité existe est loin d'être ridicule : la conservation de l'information dans un champ est tout à fait concevable. Ce n'est pas de la métaphysique, c'est de l'holographie.

Le principe de l'holographie est connu depuis 1946 : il fut découvert par Dennis Gabor qui cherchait à concevoir un microscope plus efficace[2]. L'holographie telle que l'utilisent les scientifiques et les ingénieurs est un procédé artificiel qui a été créé à des fins bien précises. Toutefois, ce procédé se fonde sur un principe qui pourrait fort bien exister dans la nature. Associé avec un champ universel, il conférerait au champ la faculté d'être doté de mémoire.

Le principe en lui-même est simple. Un hologramme est un schéma d'interférences ondulatoires produit par l'intersection de deux faisceaux lumineux ; l'un de ceux-ci est réfléchi par l'objet à reproduire. Puisque la lumière en provenance de toutes les parties de la surface de l'objet interfère avec un autre faisceau et se répartit sur la plaque holographique tout entière, toutes les parties de la plaque reçoivent l'information concernant tous les points de la surface de l'objet. Par conséquent, l'information est enregistrée sur la plaque selon une répartition distributive et peut être reconstituée à partir de n'importe quelle partie de la plaque pour redonner l'image tridimensionnelle originale.

Le stockage de l'information holographique a des propriétés remarquables. Tout d'abord, comme toutes les parties de la plaque holographique reçoivent l'information concernant toutes les surfaces de l'objet photographié, la totalité de l'image peut être retrouvée en reconstituant les schémas d'interférences ondulatoires en n'importe quelle partie de la plaque. (L'image résultante sera néanmoins d'autant plus floue que la partie utilisée pour reconstituer l'information sera plus petite.) En pratique, cela signifie que, puisque deux parties ou davantage de la plaque holographique peuvent être vues simultanément, deux ou plus de deux observateurs placés à des endroits différents obtiendront la même information au même moment.

Ensuite, outre le fait qu'elle est distribuée, la mémoire holographique est extrêmement dense. Une petite portion de support holographique peut conserver une très grande quantité de schémas d'interférences ondulatoires. Selon certaines estimations, le contenu entier de la bibliothèque du Congrès à Washington pourrait être stocké dans un support holographique de la taille d'un morceau de sucre.

Les propriétés de la conservation holographique signifient que si un champ universel était un support holographique, ce champ enregistrerait tous les événements qui se sont produits dans l'univers. Et s'il était indestructible, toute information enregistrée par ce champ jusqu'à un moment donné serait susceptible d'être retrouvée partout et à tout moment. La quantité d'information enregistrée dans le champ augmenterait au fil du temps — le champ holographique et l'univers spatio-temporel évolueraient en même temps.

Le champ holographique comme principe ordonnateur

Les liens dans l'espace impliquent l'existence de champs, et les liens dans le temps suggèrent la présence de mémoire. La mémoire, si elle est universelle, doit être associée à un champ universel. Un champ capable de conserver l'information est en principe concevable : il suffit d'appliquer à un champ le principe de le conservation telle que celle-ci se produit dans un hologramme.

Nous voilà devant l'hypothèse d'un champ holographique universel. La question est de savoir si un tel champ pourrait agir en tant que principe ordonnateur de l'univers. Pour répondre à cette question, il nous faut adopter deux approches. Tout d'abord, nous devons chercher à savoir si un champ de mémoire universel pourrait (à condition qu'il existe) fonctionner comme principe ordonnateur de la nature. Ensuite, nous devons nous demander si un tel champ pourrait effectivement exister.

On peut répondre à la première question en utilisant l'exemple suggéré par Fred Hoyle. Supposons, disait-il, qu'un aveugle essaie de remettre en ordre les faces colorées d'un Rubik's Cube. Comme le savent bien tous ceux qui s'y sont essayés, disposer correctement les couleurs sur les six faces du cube peut être une entreprise de longue haleine ; même une personne très intelligente, qui ne serait gênée par aucun handicap, peut passer des heures à tâtonner pour trouver la solution. Il faudrait beaucoup plus de temps à une personne aveugle, puisqu'elle ignore si chaque torsion qu'elle imprime au cube la rapproche ou l'éloigne du but. D'après les calculs de Hoyle, les chances de réussite de l'aveugle sont faibles, de l'ordre de 1 pour 50 [18]. Il y a peu de chances qu'il vive assez longtemps pour y arriver. S'il fait une torsion par seconde, il lui faudra en moyenne 50^{18} secondes. Ce n'est pas seulement plus que la durée d'une vie humaine, c'est plus que l'âge de l'univers (50^{18} secondes équivalent à près de cent vingt-six milliards d'années) !

La situation change radicalement si l'aveugle est aidé dans sa tâche. Si, à chaque torsion, on lui dit « oui » ou « non », il peut atteindre son but en 120 torsions en moyenne. Cela signifie que, s'il accomplit une torsion par seconde, il faudra à cet aveugle non pas 126 milliards d'années, mais deux minutes pour parvenir au but[3].

L'exemple de Hoyle montre bien la différence introduite par le retour de l'information dans un processus par ailleurs aléatoire. Si dans la nature il y avait une forme quelconque de retour d'information, les processus aléatoires qui se font à l'aveuglette seraient considérablement accélérés.

L'exemple de Hoyle suggère que l'ordre et l'organisation observés dans la nature peuvent s'accomplir dans des limites de temps disponibles. Peut-être la nature, dans ses essais, ses erreurs et ses sélections, ne s'est-elle pas fiée entièrement au hasard. D'une certaine manière, elle suscite l'existence de coïncidences heureuses pour donner naissance à l'ordre qui s'offre à nos yeux. Peut-être, comme l'aveugle de Hoyle, la nature, d'une certaine façon, est-elle « aidée », peut-être lui a-t-on « soufflé » des informations.

Évidemment, il y aurait des différences importantes entre la manière dont l'aide intervient dans le cas du Rubik's Cube et la manière dont cela se passe dans la nature. Tout d'abord, pour disposer correctement les couleurs d'un Rubik's Cube, il y a un nombre limité de mouvements corrects, et, à chaque mouvement correct, le nombre de mouvements que l'on doit encore accomplir diminue. A la fin, il ne reste qu'un seul geste à exécuter pour que le but soit atteint. Les choses ne se passent pas ainsi dans la nature. A mesure que l'évolution progresse, elle ne *réduit* pas les options restantes, elle les *augmente*. Il y a toujours davantage de combinaisons possibles : chaînes d'atomes, de molécules, d'ADN, espèces organiques, structures écologiques et sociales, schémas de comportement, et ainsi de suite. Il n'y a pas de fin, de solution où le processus s'achève. L'exemple de Hoyle, s'appliquant à un processus fermé par opposition à un processus ouvert, montre la rapidité du processus d'ordre, non la variété de ce qu'il produit.

Ensuite, si nous devons nous en tenir aux limites de la science, nous devons supposer que la nature, plutôt que d'être aidée par un tiers, s'aide elle-même. L'univers doit garder en mémoire l'information sur les « mouvements » qu'il a déjà exécutés, et il doit d'une certaine manière accomplir un feedback d'information pour guider les mouvements suivants. Cela nécessite de la mémoire. Comme nous l'avons vu, une telle mémoire est en principe possible. Le feedback d'information dans un champ holographique, bien qu'il ne soit ni complet ni dépourvu d'erreur, peut accélérer le tâtonnement des processus aléatoires vers l'ordre et l'organisation. Les probabilités de processus aléatoires seraient subtilement infléchies en faveur de processus plus cohérents. Cela augmenterait les probabilités que les mouvements suivants se conforment aux précédents.

L'exemple de Hoyle est une métaphore du processus par lequel la mémoire pourrait diriger de façon ordonnée l'évolution de l'univers. Les éléments clés de ce processus peuvent à présent être systématiquement exposés :

• L'ordre apparaissant progressivement dans la nature signifierait que les processus en cours sont infléchis, déviés dans le sens de la cohérence, et ce, par l'action des résultats déjà obtenus dans le passé. Cet infléchissement tend vers une conservation continuelle de l'information en ce qui concerne le résultat du processus de l'« in-formation » progressive des résultats ultérieurs qui va en découler*. L'infléchissement accélérerait le processus d'essais et d'erreurs en y introduisant une logique autoréférentielle.

• L'infléchissement introduit dans les processus aléatoires en train de se dérouler pourrait faire coïncider le tout avec la partie et la partie avec le tout — à condition que

---

* L'« information » signifie ici qu'un effet faible ou subtil (l'information initiale) produit des conséquences (des « formations ») beaucoup plus larges et remarquables.

l'information soit pluridimensionnelle et capable d'être déchiffrée à ses différents niveaux (c'est le cas en holographie où l'information figure sous forme de schémas ondulatoires superposables en de multiples dimensions). Par conséquent, le processus d'évolution pourrait recevoir simultanément une « in-formation » cohérente à des niveaux différents.

● Si un processus indéterminé est « in-formé » par son passé, et si ce feedback d'information survient simultanément à des niveaux multiples, le résultat en sera non seulement un déplacement qui adaptera entre elles les entités comme des parties dans un tout et un tout dans des parties, mais aussi une accélération du processus permettant d'atteindre des niveaux élevés d'ordre en un laps de temps relativement bref.

Telles sont précisément les fonctions de base requises pour un champ holographique dans le contexte d'un processus évolutif. Les fonctions font naître l'ordre en introduisant la cohérence dans les limites temporelles. Ce sont, en effet, les fonctions nécessaires à un principe ordonnateur de la nature.

Nous avons à présent esquissé une première réponse à notre question sur l'aptitude éventuelle d'un champ holographique à receler un principe ordonnateur général. Nous allons maintenant nous pencher sur la seconde : un champ holographique pourrait-il vraiment exister dans l'univers ?

CHAPITRE 8

La dynamique sub-quantique

L'une des surprises de ce siècle, expérimentalement vérifiée, a été de découvrir que l'espace-temps est rempli de grandes quantités de ce que l'on a appelé des énergies potentielles. Les physiciens estiment que la quantité de ces énergies dépasse de loin celle des énergies conventionnelles. L'univers renferme une mer d'énergie vaste et profonde à l'intérieur **de** laquelle les particules quantiques se révèlent être des lieux particuliers. Les quanta, ce sont les fréquences du champ d'énergie auxquelles s'ajoute la constante de Planck. Par suite chaque particule possède un quantum d'énergie qui est proportionnel à sa fréquence. Mais, contrairement aux objets ordinaires, les particules possèdent de l'énergie au point zéro, c'est-à-dire même quand elles atteignent leur état énergétique de base. Dans cet état, il n'y a plus d'énergie de rayonnement, mais les énergies au point zéro demeurent inchangées.

En première approximation, le réservoir d'énergie potentielle de l'univers paraît infini. Toutefois, si nous tenons compte de ce que les particules sont délimitées dans l'espace et dans le temps (elles ne peuvent être plus petites que la longueur de Planck, ni avoir une durée de vie inférieure au temps de Planck), nous pouvons évaluer les dimensions de cette mer d'énergie potentielle en tant que quantité finie.

La quantité obtenue est énorme ; l'univers observable de l'énergie-matière actualisée semble flotter comme une fine poudre à la surface de cette mer profonde.

La découverte des énergies potentielles recelées par l'espace-temps suggère l'existence d'un substratum qui baignerait l'univers au-dessous du niveau des quanta. Cette notion fait resurgir des problèmes que l'on croyait résolus une fois pour toutes quand, au début de ce siècle, les célèbres expériences de Michelson et Morley apportèrent la preuve que « l'éther » n'existait pas. A présent ces problèmes réapparaissent. Comme ils sont en rapport avec l'existence éventuelle d'un champ universel qui conserverait et transmettrait l'information holographiquement, ils méritent qu'on les examine avec attention.

Le fantôme de « l'éther »

Il y a peu de choses à propos desquelles la plupart des physiciens insistent autant que sur la non-existence de l'éther. La théorie de l'éther a eu une histoire longue et compliquée, et lorsqu'elle se révéla sans fondement, après avoir été pendant des siècles considérée comme sûre et certaine, on pensa qu'elle ne se relèverait pas de sa chute.

La théorie de l'éther eut beaucoup de succès en son temps : elle visait à expliquer comment les objets peuvent avoir une influence mutuelle autrement que par contact direct. Dans le cas d'objets éloignés l'un de l'autre, il faut qu'il y ait un milieu qui les relie, car autrement, comment un objet pourrait-il exercer une influence sur un autre objet ?

L'idée d'un milieu invisible qui remplirait l'espace et véhiculerait les effets à distance avait déjà été proposée par Descartes. Il se servit de cette idée pour expliquer comment la lumière et la chaleur se propagent. D'après sa théorie, on voit un objet parce que l'éther transmet une pression de l'objet à l'œil. Une longue série d'investigations et de théories modifièrent et perfectionnèrent ce concept initial, mais l'idée qu'un milieu remplit l'espace persista. On pensait qu'il transmettait non seulement la lumière, mais aussi les forces gravitationnelle, électrique et magnétique. Les objets solides étaient censés s'y déplacer, et ce déplacement produire un frottement. Le physicien Augustin Fresnel procéda à une étude détaillée de ce frottement qui reçut le nom de phénomène de pénétration dans l'éther.

Le « coefficient de pénétration » de Fresnel résultait d'un calcul mathématique précis et a pu être soumis à la vérification expérimentale. Puisque ce coefficient était très faible, il fallait utiliser un objet de grande taille pour l'expérimentation. Les scientifiques choisirent la Terre : le coefficient de pénétration créé par le déplacement de la Terre à travers l'éther serait sans doute détectable. Mais les expériences célèbres utilisant des miroirs pour mesurer les modifications de la propagation de la lumière à travers l'éther (c'est Albert Michelson qui, en 1881, avait commencé ce type d'expérimentation, poursuivi jusqu'en 1887 en collaboration avec Edward Williams Morley) ne mirent aucun coefficient en évidence.

Au début, les physiciens étaient peu disposés à abandonner ce concept et proposèrent des explications de rechange ; il devint à la mode de parler d'une « conspiration de la loi naturelle » qui empêcherait d'observer un déplacement dans l'éther. Puis Einstein publia son célèbre article dans lequel il affirmait que seules les modifications de la position relative de deux (ou plus de deux) objets étaient observables, le déplacement d'un seul objet étant invérifiable. C'est avec soulagement qu'on abandonna la théorie de l'éther. Au lieu d'un milieu qui remplirait l'espace, on émit l'hypothèse que l'espace-temps lui-même avait une structure, décrite en termes géométriques.

Après avoir envisagé l'éther comme quelque chose de « plein », les physiciens passèrent à la notion de « vide ». L'état initial de l'univers ne contient ni matière ni gravitation : c'est donc un vide — en fait, de l'espace vide.

Pourtant, la preuve expérimentale de la non-existence de l'éther ne donna lieu à aucune conclusion aussi révolutionnaire. Dans un article datant de 1881, Michelson lui-même insista sur le fait que les expériences sur le coefficient de pénétration dans l'éther ne remettaient absolument pas en question « l'existence d'un milieu appelé éther, dont les vibrations produisent le phénomène de la chaleur et de la lumière, et qui est censé remplir tout l'espace ». Seule l'interprétation que Fresnel avait avancée se trouvait réfutée. Cela, exposa Michelson, ne doit pas être considéré comme la preuve qu'il n'existe aucun milieu qui remplisse l'espace et le temps et transmette divers effets — effets gravitationnels, électromagnétiques, et peut-être même d'autres, encore inconnus pour l'heure.

Le long combat pour trouver une explication à l'éther, la solution apportée au problème par Einstein et sa théorie de la relativité de l'espace-temps, ces épisodes marquèrent l'histoire de la physique et l'esprit des physiciens contemporains. Les suggestions selon lesquelles le vide serait un milieu qui interagirait avec les objets qui s'y déplacent n'ont guère connu de succès. Mais le problème de l'action à distance qui, à l'origine, incita Descartes à adopter un tel concept, ne peut être aussi facilement écarté. Les physiciens quantiques ont été forcés de s'accoutumer à des conditions d'observation où, comme au Pays des Merveilles d'Alice, il n'y a pas d'observables sur quoi fonder leur étude. Quant aux astrophysiciens, ils ne sont pas obligés d'accepter une situation pareille en ce qui concerne la nature fondamentale de l'univers. Pourtant, ils se trouvent devant une situation tout aussi paradoxale lorsqu'ils envisagent l'existence d'un espace-temps qui transmet des signaux et crée des effets, mais qui pourtant est vide.

Actuellement, les physiciens insistent en général pour donner le nom de « vacuum » (vide) au *continuum* de l'espace-temps à quatre dimensions, bien qu'il s'agisse d'une matrice dotée d'une structure géométrique hautement définie. C'est ce vide structuré qui, on le présume, est devenu instable quand l'univers s'est dilaté lors de son avènement cosmique (le « vacuum », suppose-t-on, s'est « partagé » en matière et gravitation) ; c'est le même vide qui, dans une modalité structurale différente, a fait la synthèse des particules pendant les premières fractions de seconde qui ont suivi le big bang, et c'est ce même vide dans lequel les particules élémentaires disparaissent quand les trous noirs s'évaporent. La théorie de Hawking sur les trous noirs se fonde entièrement sur les fluctuations quantiques incessantes qui se produisent dans le vide : celles-ci créent des paires de particules virtuelles où une particule chargée d'énergie négative est aspirée par le trou noir tandis que sa contre-partie en énergie positive s'échappe dans l'espace environ-nant (c'est pourquoi les trous noirs semblent émettre des radiations). Dans des zones moins déformées de ce vide, s'il y a un supplément d'énergie égal à leur énergie potentielle, les paires de particules virtuelles produites par les excitations du vide quantique se stabilisent. C'est précisément ce qui se produit lorsque des accélérateurs de particules engendrent des milliards d'électronvolts et provoquent la collision de diverses particules. A l'évidence, parler de « vacuum » est injustifié : ce n'est pas ainsi que se comporte l'espace vide.

Le champ sub-quantique

La « physique du vacuum », disait Wheeler, se trouve au cœur de toute chose[1]. Une telle physique remplacerait le concept d'un « vacuum » structuré par un autre concept plus logique, celui d'un « plenum » qui sous-tendrait les particules qui apparaissent dans l'espace-temps.

Plusieurs chercheurs d'avant-garde se sont mis à concevoir des théories sub-quantiques qui considèrent l'espace-temps comme un champ « réticulaire » actif et font de la mécanique quantique une théorie « grossière », non affinée, de la dynamique de ce niveau plus fondamental de la réalité physique. Comme David Bohm a tenté de le faire il y a une cinquantaine d'années avec la théorie des variables cachées, ces nouveaux physiciens, parmi lesquels Manfred Requardt, de l'université de Göttingen, Ignazio Licata de l'université de Palerme, et un groupe connu sous le nom d'« Andromède », à Bologne, essaient d'élucider certains des aspects mystérieux de l'état quantique en considérant qu'il est comme enchâssé dans un milieu actif mais non mécaniste. D'après la théorie de Licata, par exemple, l'espace-temps est une « structure ultraréférentielle » physiquement réelle où les déformations absolues sont décrites grâce aux déviations stochastiques de tenseurs métriques qui résultent de l'isotropie et de l'homogénéité de l'environnement invariant de Lorentz. En conséquence cette théorie considère les transformations de Lorentz comme des effets physiques créés par le déplacement de la matière dans l'espace-temps[2].

Ces tentatives, et bien d'autres du même genre, sont peut-être l'indice d'une nouvelle révolution en physique. En effet, la différence entre un vide inerte et un vide actif (ou « plein ») n'est pas négligeable. Si le champ sub-quantique est passif, le déplacement des quanta qui se trouvent dans ce champ est discret ou « markovien ». Mais si, au contraire, le milieu est actif, le comportement des quanta est en interrelation constante et le mouvement devient non markovien[*]. Dans le second cas, l'espace-temps est un plenum — un continuum à quatre dimensions rempli d'énergies turbulentes. Il devient alors possible de traiter mathématiquement sa structure interne (en termes, par exemple, de « voisinages infiniment petits » de l'analyse non standard).

Bien qu'Einstein n'ait pas considéré les effets de la relativité comme la réaction physique de l'espace-temps sur les corps qui se déplacent, il en vint toutefois, vers la fin de

---

[*] Dans une chaîne dite « de Markov », les éléments x_1, x_2..., x_n sont définis par des variables aléatoires mutuellement dépendantes de telle façon que les prédictions à propos du maillon suivant de la chaîne (x_{n+1}) peuvent être faites à condition de connaître le maillon précédent (x_n). Dans une chaîne non markovienne, une telle prédiction exige que l'on connaisse tous les maillons x_1..., x_n.

sa vie, à envisager la possibilité de généraliser les équations différentielles de la théorie de la relativité de telle façon que l'énergie-matière devienne une déformation locale de l'espace-temps. Le concept de base qui sous-tend sa théorie inachevée du champ unifié était une notion qui se rapproche de celle d'un champ sub-quantique actif : les particules élémentaires ne seraient pas des réalités discrètes mais des singularités de la géométrie du champ unifié. Ces dernières années, de plus en plus nombreux ont été les physiciens à avancer de semblables idées, même si la majorité des scientifiques n'est pas encore prête à abandonner le concept d'un espace-temps formel et inactif.

La réticence de la communauté scientifique est motivée non seulement par le fantôme de l'éther, mais aussi par les difficultés mathématiques inhérentes à un champ sub-quantique actif, en particulier le problème des infinités.

On rencontre de sérieuses difficultés dès la version des équations de Maxwell connue sous le nom d'équation du champ de vide. Comme l'a montré Chaitin, ces équations décrivent des ondes électromagnétiques se propageant dans le vide : ces champs n'ont pas d'autres sources que l'électron. Mais il se trouve que l'électron est une source bien gênante parce que c'est un point mathématique parfait. Ce qui implique qu'une quantité infinie d'énergie est emmagasinée dans le champ électromagnétique au sein duquel apparaît l'électron. Ce problème, comme Chaitin et Feynman l'ont remarqué, n'a jamais été résolu, pas même dans la théorie quantique des champs[3].

Ce même problème réapparaît quand on développe les implications du principe d'incertitude de Heisenberg. Les paires formées de particules et d'antiparticules virtuelles, qui remplissent l'espace-temps selon nos suppositions actuelles, devraient avoir une énergie infinie, et donc les relations d'Einstein entre la masse et l'énergie impliqueraient qu'elles auraient aussi une masse infinie. Mais dans ce cas l'existence de l'univers serait un paradoxe, car en présence d'une masse infinie la gravitation provoquerait un effondrement immédiat du cosmos qui se réduirait alors à une seule singularité.

Les physiciens contournent cette énigme par le biais d'une opération efficace et élégante connue sous le nom de « renormalisation des valeurs ». Les opérations mathématiques qui permettent de faire cela sont discutables, mais ces calculs donnent des résultats qui concordent avec les observations. La renormalisation est admise, même si elle oblige les chercheurs non seulement à se lancer dans des opérations mathématiques contestables, mais encore à choisir, pour les masses et les forces, des valeurs provenant des observations plutôt que de les tirer de leur théorie.

La question est de savoir si cet accord avec l'observation, en ce qui concerne un phénomène physique (grâce aux manœuvres de renormalisation), peut masquer un désaccord en ce qui concerne d'autres processus qui n'ont pas encore été observés ou qui sont imparfaitement compris*. La réalité des interactions entre particules « réelles » et « virtuelles » tendrait à confirmer qu'en adoptant la manœuvre de renormalisation les physiciens sont parvenus à obtenir dans certains domaines un accord avec l'observation, tout en devant se résigner, dans d'autres domaines, à ne pas tenir compte de certains phénomènes. En effet, si les énergies de

---

* Il existe par exemple une mystérieuse interaction entre les particules « réelles » et un gaz composé de particules virtuelles. Les effets d'interaction, tout à fait attestés à l'heure actuelle, incluent le phénomène d'émission spontanée à partir des noyaux et des atomes ; ce que l'on nomme l'« effet Casimir » et l'« effet Lamb » montre que l'électron d'un atome d'hydrogène est soumis, en sus du potentiel de Coulomb — ce qui est normal — à la fluctuation de particules virtuelles. Il semble que les fluctuations qui se produisent dans le « vide » agissent sur les quanta comme une force stochastique semblable au mouvement brownien dans un fluide. Puisque le vacuum est isotrope et homogène, les fluctuations se transmettent uniformément dans l'ensemble de l'espace-temps. Plus grande est la vitesse d'une particule, plus grand sera le nombre de « collisions » qu'elle subira avec des paires de particules virtuelles (c'est l'effet manifeste des fluctuations du vacuum) ; en conséquence, les particules se diffuseront dans le champ depuis les fortes concentrations jusqu'aux faibles concentrations.

base de l'univers étaient passives, les physiciens pourraient à juste titre n'en pas tenir compte. Mais si ces énergies interagissent avec la matière-énergie, la renormalisation fait appréhender la nature de l'univers d'une manière fondamentalement incorrecte.

CHAPITRE 9

L'hypothèse de la dynamique sub-quantique (DSQ)

L'hypothèse de la dynamique sub-quantique (DSQ) proposée ici considère l'énergie fondamentale de l'univers comme un champ interactif. Les physiciens savent qu'il a une structure complexe et qu'il produit des excitations virtuelles : aussi l'envisageons-nous comme un milieu turbulent sous-tendant l'univers observable.

En émettant cette hypothèse, nous énoncerons d'abord les principaux concepts en utilisant des formulations simplifiées, puis nous les affinerons et les illustrerons de manière plus détaillée.

Domaines observables et inobservables

L'hypothèse DSQ suggère qu'un aspect de l'univers physique est inaccessible à l'observation même à travers des instruments. Cela ne rejette pas cette hypothèse dans le domaine de la métaphysique : les régions effectivement observables de l'univers ne constituent pas l'univers entier.

Nous ne dissocions pas la réalité de l'univers en deux plans ou deux dimensions, l'un plus réel que l'autre ; nous affirmons simplement que tous les domaines de la réalité que nous nommons « univers » ne sont pas accessibles à l'observation. Certains domaines doivent être déduits de ceux qui sont observables, comme, par exemple, l'existence de certaines étoiles et planètes non observables est déduite du déplacement irrégulier d'étoiles et de planètes observables.

L'impossibilité d'observer le niveau physique qui sous-tend l'univers n'est pas une mystérieuse caractéristique métaphysique, mais bien une incapacité de fait pour les observateurs. Les observateurs humains eux-mêmes font partie du domaine observable de l'univers, mais ce domaine est un produit du domaine inobservable. Pour un observateur placé lui-même dans le domaine observable, le milieu qui le sous-tend et qui l'engendre constitue une présence subtile qu'il ne peut connaître qu'indirectement par le biais de ses effets. Les effets indirects sont observables, et ces observations permettent d'accéder ainsi à une connaissance du domaine inobservable qui les produit.

Si ces effets pouvaient être expliqués entièrement par référence au domaine observable, le rasoir d'Occam (qui nous dit que les concepts théoriques ne doivent pas être multipliés au-delà de ce qui est absolument nécessaire) nous interdirait de faire une telle supposition. Mais si les effets en question engendrent des énigmes et des paradoxes lorsqu'on se réfère uniquement au domaine observable, une supposition qui irait au-delà de ce domaine se justifie et devient même nécessaire.

L'hypothèse DSQ déduit l'existence d'un domaine inobservable de celle du domaine observable qui lui correspond. Elle est justifiée par la nature décidément paradoxale de certains phénomènes observés. Comme les astronomes déduisent d'invisibles corps stellaires du mouvement paradoxal des corps observables, de même l'hypothèse DSQ établit un lien entre d'une part les anomalies persistantes auxquelles se heurte l'observation scientifique et, d'autre part, les réalités qui sont elles-mêmes inobservables.

Conformément à la méthode qui consiste à dériver

l'inobservable de l'observable, nous allons commencer à exposer notre hypothèse en étudiant la genèse des quanta.

L'origine des quanta

L'univers observable est constitué de matière moléculaire, où les molécules elles-mêmes sont constituées d'atomes, et les atomes de particules quantiques. Les quanta, à leur tour, émergent du « vacuum » (qui n'est pas un vide mais un « plenum »), c'est-à-dire l'énergie fondamentale de l'univers. Lorsque les fluctuations des quanta atteignent un niveau critique, le « vide » se polarise et une paire de particules virtuelles apparaît. Les particules virtuelles se matérialisent dans l'espace-temps si, durant l'instant où elles existent, elles absorbent une quantité d'énergie égale à leur propre énergie potentielle. Tous les quanta qui existent dans le cosmos doivent leur origine à ce processus.

La physique actuelle admet que toutes les particules proviennent d'un « vacuum quantique » rempli d'énergie potentielle et qu'elles finissent par retourner dans ce substrat, mais elle ne tient pas suffisamment compte de la diversité des effets que ce substrat peut produire sur l'évolution des particules dans l'espace et le temps. Dans leur grande majorité, les physiciens contemporains considèrent le vacuum quantique comme la source qui engendre les particules et aussi comme leur ultime réceptacle, mais non comme le milieu qui les sous-tend. Comme Bohm l'a déjà démontré avec sa théorie du « potentiel quantique », la seconde hypothèse est néanmoins nécessaire en ce qu'elle permet de tenir compte des paradoxes autrement inexpliqués qui affectent le comportement des quanta.

Les quanta en tant que solitons : première approximation

Si nous supposons que les quanta interagissent sans cesse avec le vacuum, nous devons préciser la relation qui existe entre eux. Cela revient à la tentative de déterminer les caractéristiques de la « matière » en relation avec le « champ ».

En cherchant un concept adéquat susceptible de caractériser la nature fondamentale de la matière quantique, nous allons d'abord évoquer le concept de « soliton » (c'est-à-dire d'« onde solitaire »).

Ce concept constitue une première approximation valable : les solitons sont des entités quasi discrètes qui font pourtant partie du milieu dans lequel elles apparaissent. Ces « ondes solitaires » naissent dans un milieu turbulent et non linéaire, et elles disparaissent dans ce milieu. Pour cette raison certains physiciens les considèrent comme un bon équivalent pour la description des quanta[1].

C'est John Scott Russell qui, le premier, a mentionné le phénomène en 1845, dans un rapport destiné à l'Association britannique pour les progrès de la science*. Il raconte que, lors d'une promenade à cheval le long d'un étroit canal, il observa une vague qui se déplaçait très vite ; elle avait « la forme d'une élévation isolée, de grande dimension, masse d'eau arrondie, aux contours réguliers et nettement définis, qui poursuivait sa course le long du canal sans, apparemment, changer de forme ou diminuer de vitesse[2] ». Depuis, on a observé de semblables phénomènes dans divers milieux turbulents. Les solitons semblent détachés du substrat dans lequel ils apparaissent ; ils se déplacent le long de trajectoires bien définies, et, quand ils interagissent, ils font mutuellement dévier leurs trajectoires.

Les solitons apparaissent aussi sous forme d'impulsions dans le système nerveux et dans les circuits électriques complexes. On les observe dans les mascarets, les ondes de

---

* British Association for the Advancement of Science.

pression atmosphérique, la conduction de la chaleur dans les solides, dans la superfluidité et la supraconductivité. Le grand œil rouge de Jupiter, bien qu'il ait l'apparence d'un objet isolé, est en fait un soliton produit par la surface turbulente de cette planète.

Les solitons constituent une première approximation utile de la relation existant entre la matière quantique et le champ qui la sous-tend : ils mettent en évidence le fait que *les quanta appartiennent au milieu dans lequel ils apparaissent.* De même qu'il était impossible à une onde solitaire de s'échapper de l'étroit canal dans lequel Russell l'avait tout d'abord observée, de même est-il impossible que les quanta sortent du champ d'énergie potentielle du « vide quantique » dans lequel ils apparaissent.

Les quanta en tant que flux ou courants : approximation plus étroite

La capacité des solitons à être utilisés pour décrire les quanta du monde réel rencontre néanmoins certaines limitations. Alors qu'ils apparaissent dans un milieu constitué de molécules et d'atomes (et donc de quanta), dans le monde réel, les quanta, eux, apparaissent dans un milieu beaucoup plus fondamental caractérisé seulement par d'énormes quantités d'énergie potentielle. Cela entraîne des différences notables. Lorsqu'un soliton se déplace à la surface de son milieu, les molécules de ce milieu ne se déplacent pas en même temps que le soliton : à l'instar de ce qui se produit dans toutes les ondes, elles ne transmettent aux molécules voisines que leur déplacement circulaire. Cette dynamique permet aux ondes elles-mêmes de se déplacer sans que les molécules se déplacent en même temps. Mais il en va autrement dans le cas du mouvement des quanta au sein du champ sub-quantique. Si les quanta font partie de ce champ, alors, quand ils se déplacent, le champ lui-même se déplace (ou, plus exactement, s'écoule).

Dans les déplacements des quanta au sein de l'espace-temps, une zone de vide s'écoule par rapport aux autres zones. Les zones du champ où les fluctuations sont maintenues en tant que particules quantiques se déplacent par rapport aux zones où il n'y a pas de particules quantiques, aussi bien que par rapport à celles où il y en a d'autres. Le mouvement des quanta prend la forme de flux ou de courants au sein d'un milieu continu.

La vitesse des courants est régie par un facteur physique analogue à la viscosité dans un liquide. Pour le vacuum quantique, ce facteur est supérieur à zéro, puisque les quanta se déplacent avec une vitesse finie. En fait, la vitesse de la lumière dans le vide précise la « viscosité » du champ sub-quantique. De même, C (qui a une valeur d'environ 300 000 km/seconde) n'est pas un facteur arbitraire de la nature, mais l'expression d'une propriété fondamentale de l'univers*.

Il faut abandonner les derniers vestiges d'analogie entre les domaines observables et non observables de l'univers : le domaine non observable a des caractéristiques fondamentalement différentes. Les quanta ne sont pas, comme le croyaient les physiciens classiques, des projectiles voyageant à travers l'espace et le temps ; ce ne sont pas non plus des ondes qui se déplacent dans un *continuum* espace-temps purement géométrique. Les quanta sont plutôt les parties observables de courants spécifiques au sein d'un champ non observable. Quand on ne tient compte que des quanta et non du champ qui les sous-tend (ou bien quand on « renormalise » les énergies de ce champ), la description est celle d'un train d'ondes se déplaçant dans l'espace-temps. Si l'on ne tenait compte que du champ, la description deviendrait celle d'un courant circulant dans un milieu rempli

---

* Selon certains calculs, C est l'équivalent de la racine du produit de la perméabilité électrique et magnétique de l'espace-temps, c'est-à-dire $C = \sqrt{\mu_0 \varepsilon_0}$. Selon l'hypothèse DSQ, cette perméabilité met en évidence la réalité active du vide en tant que champ sub-quantique.

d'énergie potentielle. *Une description complète se référerait aux trains d'ondes comme à des singularités critiques circulant dans le champ d'énergie potentielle sub-quantique.* Dans le langage mathématique, une telle description devrait recouvrir les formalismes de la dynamique ondulatoire et ceux de la dynamique des fluides.

Fronts d'ondes secondaires

Considérons maintenant les autres aspects de la présence de courants quantiques dans le champ d'énergie potentielle du cosmos. Le mouvement des quanta au sein de ce champ constitue des courants localisés qui ont un effet sur le reste du champ. Comme un courant dans un liquide conventionnel, un courant quantique crée un front secondaire d'ondes qui se déploie dans son sillage. Ces fronts d'ondes ne sont pas fluctuations critiques produites au sein du champ, mais des effets secondaires de celles-ci. Ces ondes se propagent *au-dessus* (ou plus exactement *à travers*) le champ sans induire de courants *dans* celui-ci. Elles se progagent donc d'une manière différente de celle des quanta. Puisque cette propagation n'implique pas le déplacement d'une zone quelconque du champ par rapport aux autres zones, elle n'est pas entravée par le facteur de viscosité — la perméabilité électromagnétique — de celle-ci. Il est donc logique de supposer que la propagation des ondes secondaires n'est pas limitée par la vitesse de la lumière, C. Cette propagation doit être supérieure à C ; et du point de vue de notre expérience, quasi instantanée.

Les fronts d'ondes secondaires s'entrecroisent et produisent des schémas d'interférences. Se déployant quasi instantanément à travers le champ, ces schémas d'interférences modifient les paramètres des courants quantiques, comme le sillage d'un bateau modifie la surface de l'eau et fait tanguer ou rouler un autre bateau. Le mouvement des quanta — les courants quantiques — est alors soumis à un effet de feedback. Grâce à la propagation quasi instantanée des fronts d'ondes secondaires, les effets de feedback affectent pratiquement tous les quanta qui coexistent dans le champ.

Chaque courant (c'est-à-dire chaque quantum) enregistre l'effet de tous les autres courants (de tous les autres quanta) de l'univers. Comme le potentiel quantique de Bohm, l'effet de feedback, qui va des fronts d'interférence d'ondes secondaires aux trajectoires des quanta, ne diminuera ni ne disparaîtra avec la distance ou le temps. Si la propagation des fronts d'ondes secondaires est quasi instantanée, elle ne dépend pas d'une façon significative de la distance. Et si le champ sub-quantique n'est soumis à l'action d'aucune forme d'érosion, l'effet ne diminue pas avec le temps. La seule altération du schéma d'interférence est une retranscription perpétuelle : les fronts d'ondes secondaires créés par les courants quantiques produisent des schémas de plus en plus élaborés, avec des dimensions sans cesse plus larges.

Note sur la terminologie

Nous avons constaté une interaction entre deux domaines également réels, mais caractérisés par l'observabilité intrinsèque de l'un et la non-observabilité tout aussi intrinsèque de l'autre. Le domaine observable de l'univers est le monde constitué par le comportement et la configuration des quanta : dorénavant, nous l'appellerons *univers actualisé*. Le domaine non observable est ce que les physiciens appellent le vacuum quantique et que nous considérons ici comme le champ sub-quantique au sein duquel tous les événements qui se produisent dans l'univers trouvent leur origine et leurs connexions.

Au sein du champ sub-quantique, nous observons deux sortes de propagation : les courants primaires et les fronts d'ondes secondaires. Les premiers constituent le mouvement des quanta, et nous l'identifierons ultérieurement comme tel sans nécessairement nous référer aux courants qui les sous-tendent dans le champ sub-quantique. Les seconds constituent l'enregistrement du mouvement des quanta et par conséquent du comportement de toutes les configurations faites de quanta. Les schémas résultant de l'interférence des fronts d'ondes provoqués par le mouvement des quanta constituent un enregistrement quasi instantané de tout ce qui prend place dans l'univers actualisé.

Le champ qui, du point de vue de l'univers actualisé, enregistre les trajectoires, les mouvements des quanta et des systèmes de quanta, est un champ de mémoire et d'informations. Le feedback provenant de ce champ participe à la détermination des événements quantiques et supraquantiques dans l'espace et dans le temps, et fournit un signal semblable au « psi » proposé d'abord par Walker et recherché plus récemment par Josephson. Vis-à-vis des quanta, la fonction du champ est analogue à celle de Q, le « potentiel quantique » de Bohm. Nous allons le nommer « champ ψ ».

Le champ ψ n'est donc pas le champ sub-quantique dans sa réalité indépendante de l'observateur ; c'est la face plutôt subjective mais néanmoins réelle du champ : celle qui agit sur les quanta et les configurations supraquantiques et transmet des signaux subtils qui transforment les processus non déterminés par les forces dynamiques en processus stochastiques, orientés, non vers la diversité illimitée et incohérente, mais vers des formes et des niveaux d'ordre toujours plus élevés. L'univers actualisé des matières-énergies et le champ ψ coévoluent, l'un dans le domaine spatio-temporel et l'autre dans le domaine spectral.

CHAPITRE 10

Précisions et perspectives

A première vue, les concepts que nous venons d'évoquer peuvent sembler abstraits, pour ne pas dire franchement ésotériques. Cependant, ils s'appliquent directement au monde dans lequel nous vivons et dont nous faisons partie. Nous pouvons justifier cette affirmation par des précisions et des exemples plus proches de l'univers de l'expérience quotidienne.

Viscosité, plasticité et élasticité

L'univers est un plenum : il est rempli d'énergie potentielle. Nous pouvons le considérer comme un vaste champ turbulent, une mer cosmique qui, bien que perpétuellement changeante, n'en présente pas moins des éléments d'ordre et de structure. Ses principales caractéristiques peuvent être comparées aux concepts familiers de viscosité, de plasticité et d'élasticité.

La mer cosmique — le champ sub-quantique — a un certain degré de viscosité, c'est pourquoi les courants qui s'y produisent engendrent des frottements. Cela signifie que tous les courants ont une vitesse finie, la vitesse maximum étant celle de la lumière. Ces courants produisent des effets secondaires, comme les fronts d'ondes qui se propagent, à partir de courants donnés, au reste de cette mer cosmique.

Le champ sub-quantique a également un certain degré de plasticité : les quanta sont autant de déformations dans sa structure plastique. Contrairement à l'eau de mer ordinaire, qui retourne à la distribution uniforme créée par la gravité, le contour du littoral et la pression atmosphérique, la mer cosmique du champ sub-quantique, elle, conserve ses déformations : nous les connaissons sous le nom de quanta. Le champ sub-quantique conserve longtemps, mais pas indéfiniment ses déformations : les quanta retournent au vide qui les sous-tend en s'évaporant dans les trous noirs. Cela suggère que le champ sub-quantique possède aussi un certain degré d'élasticité ; il en revient finalement (ou, comme nous allons voir, peut-être périodiquement) à son état initial.

Les fronts d'ondes engendrés par le mouvement des quanta sont des déformations secondaires créées par les déformations primaires : les quanta eux-mêmes. Ces fronts d'ondes s'entrecroisent et donnent naissance à des schémas d'interférences qui se déploient sur la superficie de la mer cosmique. Ces déformations secondaires, complexes et subtiles, sont conservées assez longtemps pour avoir un effet de feedback sur les déformations primaires. Il en résulte que les deux ensembles de déformations interagissent, les primaires engendrant les secondaires, et les secondaires agissant en feedback sur les primaires.

La mer ordinaire est une bonne métaphore dynamique de l'interaction qui se produit entre les deux ensembles de déformations du champ sub-quantique. Dans cette métaphore, les quanta et les configurations des quanta sont les bateaux qui naviguent sur la mer. Les sillages produits par les navires se déploient et se mêlent, produisant des schémas subtils qui se propagent à la surface. Un bateau qui navigue près d'un autre « ressent » son sillage — quiconque s'est trouvé dans une petite barque à proximité d'un transatlantique ne le sait que trop bien. (Le même phénomène se produit aussi dans les airs, c'est pourquoi on prend bien soin de respecter une certaine distance à l'atterrissage ou au décollage des avions.)

Les ondes qui interfèrent à la surface de la mer constituent une sorte de mémoire des navires qui la sillonnent. En effet, H. C. Yuan et B. M. Lake ont découvert que la surface de la mer est hautement modulée : les schémas d'interférences d'ondes produits par les navires et autres objets demeurent encodés dans le mouvement oscillatoire des molécules d'eau[1]. Lorsqu'on soumet ces schémas à une analyse mathématique complexe, ils donnent des renseignements sur le passage des navires, la direction du vent, les effets du contour du littoral et d'autres sources de perturbations.

Les transformations de Fourier

L'interaction qui se manifeste entre les navires et la mer dans l'expérience quotidienne fournit un modèle de l'interaction qui se produit entre les quanta et les configurations des quanta de l'univers actualisé et le champ ψ, l'aspect effectif du champ sub-quantique. Dans les deux cas, celui de la mer ordinaire avec ses navires, celui du champ et des quanta, nous avons un processus de translation à double sens, des trajectoires spatio-temporelles aux schémas d'ondes et inversement.

Les formules mathématiques qui décrivent de telles translations sont bien connues : elles ont été découvertes à la fin du XIXe siècle par Jean-Baptiste Fourier, qui démontra que tout schéma dans l'espace et dans le temps peut être analysé en un ensemble d'oscillations périodiques régulières dont seules diffèrent la fréquence, l'amplitude et la phase. Dans le domaine scientifique, il existe une multitude d'applications à cette analyse des ondes dont Fourier fut le pionnier. Par exemple, c'est un facteur clé dans la théorie de la matrice S, où les particules sont analysées comme étant constituées par leurs interactions avec d'autres particules. Les sciences sociales utilisent, elles aussi, les formules de transformation de Fourier ; même les fluctuations de la Bourse peuvent s'exprimer en termes d'ondes.

De façon plus pertinente, l'analyse des ondes de Fourier est fondamentale en holographie. Quand on crée un hologramme, un schéma dans l'espace et dans le temps formé à l'aide de deux faisceaux de lumière répercutés sur un objet est transformé en une série d'ondes ayant leurs propres fréquence et amplitude. L'interférence des deux fronts d'ondes est enregistrée sur une plaque photosensible. Lorsque la plaque est éclairée pour que l'on voie l'image holographique, ces ondes sont retransformées en la configuration de la lumière qui s'est répercutée sur l'objet. Comme on peut aisément le constater en regardant l'enchevêtrement de lignes sur un film holographique, ce procédé ne dresse pas sur la plaque la carte des contours des objets. L'hologramme est plutôt la transcription des coefficients des schémas d'interférences créés par les ondes. Ces coefficients représentent les renforcements et occlusions qui se produisent à l'intersection des fronts d'ondes. Le lieu de ces intersections consiste en nœuds de diverses amplitudes, et le schéma enregistré est constitué de ces nœuds.

La mer et l'air enregistrent les coefficients des fronts d'ondes qui interfèrent après avoir été produits par les objets qui se déplacent en leur sein. Le champ sub-quantique se comporte de la même manière. La mer et l'air possèdent des capacités très élevées mais finies de conservation des schémas ; en revanche, les capacités du champ sub-quantique sont pratiquement illimitées. Le champ ψ peut enregistrer et conserver un front d'ondes après l'autre sans perte d'information. La raison en est la capacité qu'ont les schémas d'interférences à se superposer. La superposition de ces schémas produit de multiples dimensions dont le nombre, lui, est en principe illimité. En raison de l'étendue et de la profondeur de la mer universelle d'énergies potentielles, les ondes qui y sont créées permettent de dresser un relevé topographique de tout ce qui se produit et s'est produit auparavant dans l'univers actualisé.

Contrairement aux milieux holographiques conventionnels, l'enregistrement holographique de l'univers est durable. Si la mer et l'air perdent leurs schémas d'ondes, c'est parce que le mouvement des molécules d'eau et d'air est soumis à l'action de nombreuses forces de dispersion, y compris l'attraction gravitationnelle de la Terre. Par conséquent, la structure de la surface de la mer et la structure localisée de l'atmosphère tendent à s'aplanir, puis à recevoir de nouveaux messages. Même les schémas enregistrés sur une plaque holographique disparaissent quand la structure chimique de la plaque s'altère. Mais le champ sub-quantique n'est pas soumis à des forces de dispersion ; il n'existe rien, hormis les quanta et les configurations de quanta, qui puisse perturber les énergies potentielles dans leur état fondamental. Les quanta, en revanche, ne font que compliquer les schémas d'ondes ; ils n'effacent pas le « champ ψ ».

L'« in-formation » de l'univers actualisé

La conséquence véritable de l'hypothèse que nous venons d'observer est le feedback d'information qui se produit du champ sub-quantique sur l'univers actualisé. Il s'agit là d'un feedback d'information au sens spécifique du terme : dans ce cas, l'information « in-forme », c'est-à-dire donne une forme, le récepteur. Ce phénomène se produit par l'intermédiaire des quanta et des configurations de quanta qui interagissent avec l'information contenue dans le champ ψ, autrement dit, par l'intermédiaire de systèmes d'énergie-matière qui subsistent et qui évoluent dans l'univers actualisé.

Il nous faut être prudents lorsque nous utilisons les termes « interaction » et « in-formation ». Au niveau de base de l'univers, les quanta et le champ sub-quantique sont une seule et même chose ; en revanche, nous pouvons parler d'effet de feedback en provenance de ce champ seulement si nous envisageons les quanta en tant qu'entités discrètes.

C'est dans un sens très étroit que le champ sub-quantique et les quanta « interagissent » ; et c'est en ce sens même que l'interaction avec le champ ψ « in-forme » les quanta. Une telle in-formation peut cependant être effective : elle précise l'état quantique (donc la fonction ψ) des particules.

Les théories actuelles (comme, par exemple, la théorie de la matrice S, la théorie du *bootstrap* et du champ quantique) considèrent que l'état quantique est précisé par l'univers physique dans son ensemble — c'est-à-dire par l'ensemble des interactions appliquées à un quantum donné. Mais les théories actuellement admises assimilent l'univers physique à la sphère de ses énergies actualisées ; elles « renormalisent » les infinis engendrés par les énergies potentielles de l'état de base. Cette procédure, comme nous l'avons déjà fait remarquer, ne donne une image exacte que si les énergies potentielles n'entrent pas dans la constitution de l'univers observable. Une véritable « physique du vacuum » ne peut soutenir pareille hypothèse : elle doit en fait considérer le niveau sub-quantique comme un milieu actif de l'univers. Par conséquent, il nous faut reconsidérer la définition de l'univers physique dans son ensemble pour y inclure à la fois l'univers actualisé et le champ sub-quantique. Étant donné que les énergies contenues dans le second dépassent de plusieurs magnitudes celles que contient le premier, négliger ce fait dans l'étude des processus physiques reviendrait à ne pas tenir compte des profondeurs de la haute mer lorsqu'on étudie la dynamique des ondes qui se meuvent à sa surface.

Le champ sub-quantique et l'univers actualisé ne sont pas des réalités indépendantes : lors de l'analyse finale, ils ne font qu'un. Les quanta sont des singularités dans le champ sub-quantique, des courants au sein de ce continuum. En ce sens, les quanta se trouvent *dans* le champ sub-quantique et ne font qu'un avec lui.

Ceci, nous allons le voir, nous aide a expliquer la dualité de l'état quantique. Chaque quantum est un « événement » à part entière, mais c'est aussi une propagation dans un champ. *Le quantum interagit avec son environnement, mais est lui-même une extension de l'environnement avec lequel il interagit.*

La dualité de l'état des entités d'énergie-matière s'atténue progressivement à mesure que les quanta s'édifient en macroconfigurations. Les atomes, les molécules, les cristaux, les cellules, les organismes et les systèmes écologiques, de même que les étoiles, les planètes, les astéroïdes, les systèmes stellaires, les galaxies et les ensembles de galaxies sont des configurations de quanta : ce sont les unités élémentaires de l'univers actualisé. Plus les dimensions de la configuration sont grandes, plus son comportement se distancie du champ sous-jacent — par conséquent plus son autonomie est élevée.

En fait, aux niveaux macroscopiques, l'« in-formation » des systèmes d'énergie-matière par le feedback d'information depuis le champ ψ n'est pas aussi manifeste qu'au niveau quantique. Comme nous allons le démontrer aux chapitres suivants, aux niveaux moléculaire, cellulaire et organique, l'interaction avec le champ ψ définit non pas l'état de base des systèmes, mais seulement l'évolution de leurs paramètres.

Même si ce n'est que l'évolution et non l'état de base des systèmes qui est affectée, l'impact peut encore être significatif. Les théoriciens des systèmes dynamiques ont montré que, dans les systèmes complexes régis entièrement ou en partie par des attracteurs chaotiques, de très petites fluctuations peuvent se diffuser et déterminer l'évolution de l'état des systèmes : la « dynamique du chaos », la « théorie de la bifurcation » et l'« effet papillon » sont les appellations par lesquelles on désigne ce processus. En fait, en des localisations dites « points de bifurcation », de subtils feedback d'information venus du champ ψ peuvent effectivement modifier la distribution de la probabilité des états des systèmes chaotiques. De telles « incitations » suffiraient à rendre l'évolution du système efficace et cohérente. En effet, une légère distorsion dans une distribution de probabilités par ailleurs aléatoire peut transformer les processus d'évolution : ceux-ci, au lieu de déplacement aléatoires proches d'états dynamiquement stables, deviennent les lieux d'explorations intensives des strates de stabilité disponibles.

L'interaction entre le champ ψ, l'aspect effectif du champ sub-quantique et l'univers actualisé établit un lien entre le passé et le présent. L'avenir, toutefois, demeure ouvert.

Il en résulte que l'évolution de l'univers observable ne consiste pas simplement en un déploiement de réalités déjà existantes : elle permet l'émergence d'une réalité authentiquement nouvelle. Il ne s'agit pas là d'une émergence à partir de rien, sans ordre, complètement aléatoire, mais bien de l'émergence d'ordres nouveaux, d'un niveau plus élevé, élaborés par ceux qui les ont précédés. De même que le présent s'ajuste de façon logique au passé, de même l'avenir, bien qu'encore indéterminé, choisira une voie qui lui permettra de s'articuler logiquement avec le présent.

CHAPITRE 11

DSQ : perspectives philosophiques

L'histoire de la quête de l'unification nous a enseigné que la recherche des éléments fondamentaux de la réalité doit accompagner la recherche des schémas dynamiques au sein des ensembles interactifs. La tâche d'une théorie unifiée ne consiste pas à identifier les parties envisagées de façon isolée, mais à définir la dynamique de l'ensemble qui inclut ces parties. Cette dynamique, nous l'avons souligné, se déploie en un processus qui s'organise et s'ordonne lui-même, qui progresse mais pas nécessairement de façon linéaire, et fait évoluer l'univers d'une condition initiale de désordre jusqu'à des états d'ordre de plus en plus cohérents et diversifiés.

Le défi lancé à la science contemporaine consiste à identifier le principe ordonnateur impliqué dans ce processus. Ce défi ne peut être relevé dans les limites d'une seule discipline, car le principe ordonnateur intervient dans tous les domaines d'investigations empiriques. Toutefois, il faut bien qu'il commence quelque part, et l'endroit logique pour cela, c'est la dimension physique de l'univers. C'est ici, au cœur de la réalité, que les facteurs qui contribuent à produire cet ordre sont situés.

Le défi qui consiste à établir une théorie unifiée concerne la physique davantage que les autres disciplines. Il s'agit d'un nouveau champ d'investigation transdisciplinaire, capable de chercher les fondements physiques d'un univers qui évolue d'une façon autoconsistante.

Les sciences physiques du XXe siècle pourraient se diriger vers un tel champ transdisciplinaire. Pour ce faire, les physiciens devraient préparer le terrain pour une autre « révolution » qui, elle, définirait le domaine transdisciplinaire de la nouvelle physique pour lequel la quête de l'unification semble l'avoir prédestiné.

Les philosophes des sciences du XXIe siècle en viendront peut-être à la conclusion que l'histoire de la physique au XXe siècle a été celle de nombreuses « grandes manœuvres », brillantes mais en fin de compte transitoires. En son temps, chacune d'elles fut une découverte capitale, celle d'un grand esprit affrontant des paradoxes apparemment insurmontables, et chacune de ces découvertes a suscité une révolution qui, dépassant le cadre de la physique, a atteint la plupart des autres disciplines scientifiques. Mais ces manœuvres n'auront peut-être été que des expédients temporaires plutôt que les manifestations de principes éternels.

Peu de temps après le début du siècle, la première de ces « grandes manœuvres » était entreprise par Einstein. Face au paradoxe de la constance de la vitesse de la lumière pour tous les observateurs, et face aussi à la disparition du concept d'éther lors des expériences de Michelson-Morley, Einstein rejeta l'idée d'un cadre de références universel et remplaça l'espace newtonien par l'espace-temps de la relativité restreinte. Désormais tout déplacement devrait être mesuré relativement à des observateurs plutôt que par rapport à des coordonnées indépendantes. Bien qu'Einstein lui-même ait minimisé l'importance de cette hypothèse en concevant les équations covariantes de la relativité générale, et plus encore avec les hypothèses qui ont inspiré sa recherche d'une théorie du champ unifié, l'espace-temps considéré comme cadre de références universel est un concept auquel la physique a, semble-t-il, renoncé une fois pour toutes.

Puis ce furent Niels Bohr et l'école de mécanique

quantique de Copenhague qui entreprirent la deuxième « grande manœuvre ». Face aux paradoxes de la dualité et de la non-localisation de l'état des particules — face donc à l'indétermination qui régnait dans tout le domaine des quanta —, Bohr remplaça la réalité indépendante de l'univers par les formalismes au moyen desquels on établit une corrélation entre des observations spécifiques. En dépit des objections d'Einstein, la physique quantique a ainsi renoncé à une réalité en soi, connaissable de façon indépendante. Depuis la fin des années 1920, ce n'est pas simplement un cadre de références indépendant de l'observateur qui a disparu, c'est en fait toute la réalité subatomique.

La troisième « grande manœuvre » de la seconde moitié de ce siècle fut le travail des physiciens quantiques qui étudièrent les énergies de point zéro associées à l'état quantique. Devant l'énigme que constituaient les infinis récurrents engendrés par l'énergie de l'état de base de l'univers, ils eurent recours au procédé mathématique de renormalisation. Par ce moyen, ils ont effectivement éliminé le rôle joué par ces énergies dans le calcul des processus physiques.

Ces manœuvres étaient brillantes et ouvraient la voie aux progrès de la physique, mais sont-elles toujours nécessaires ? L'apparition d'une nouvelle discipline que Wheeler baptisa « physique du vacuum » et que nous appelons « dynamique sub-quantique » pourrait conduire à une révolution fondamentale au cours de la dernière décennie du XXe siècle. Cette révolution pourrait résoudre bon nombre des paradoxes qui embarrassent encore les physiciens, et en même temps réhabiliter le réalisme qui a toujours caractérisé la physique, comme d'ailleurs toutes les sciences de la nature. Un « retour vers l'éther » — non pas, bien sûr, vers un milieu mécaniste doué d'un coefficient de pénétration, mais vers un « plenum » doué de propriétés holographiques — pourrait rétablir un certain réalisme dans la physique théorique. Il ne serait plus nécessaire de renoncer à un cadre de références universel, de nier toute réalité indépendante du monde quantique, ou de supprimer les valeurs de l'énergie de l'état de base de l'univers.

Einstein lui-même avait envisagé un développement de ce genre. « Dans une théorie du champ logique et cohérente », disait-il en 1924, « les particules élémentaires constituent des espaces dont l'état est particulier... De cette manière, tous les objets sont de nouveau inclus dans le concept d'éther[1] ».

Si la communauté scientifique de cette fin du XXe siècle devait avoir de semblables intuitions, la prochaine révolution en physique conduirait à envisager la dynamique sub-quantique comme le nouveau domaine d'investigation. Cela aurait de remarquables conséquences. Une DSQ élaborée d'une façon systématique pourrait :

a) fournir un cadre de références universel en remplaçant le concept relativiste d'espace-temps par celui d'un champ d'énergie potentielle sub-quantique ;

b) expliquer la dualité, la non-localisation et l'indétermination de l'état quantique sans interdire l'investigation des caractéristiques des particules indépendantes de l'observateur ; et

c) rendre compte de l'évolution, diversifiée mais auto-consistante, de l'ordre et de la complexité dans la nature par référence aux interactions subtiles avec le vaste réservoir d'énergie potentielle de l'univers.

Alors que la « révolution de la DSQ » renverrait la physique à la position plus réaliste à laquelle elle a renoncé au cours de ce siècle, elle irait, par d'autres aspects, dans le même sens que les découvertes fondamentales qui l'ont précédée en donnant à la recherche scientifique accès à un niveau de réalité encore plus profond. Au long de l'histoire des sciences, le niveau fondamental du monde recherché dans la physique a été repoussé de plus en plus bas. Le niveau fondamental était d'abord l'atome de Démocrite, ensuite celui de Lavoisier, puis celui de Rutherford. Bientôt ce furent les quanta de Planck, d'abord avec les mésons de Yukawa, puis les deux cents et quelques particules élémentaires qui ont constitué le niveau de base de la réalité physique. Et, plus récemment encore, ce furent les quarks de Gell-Mann et les supercordes de Scherk. En même temps, le champ dans lequel ces entités de plus en plus élémentaires et insaisissables sont incluses s'est transformé : l'espace euclidien, passif, de Newton est devenu le « vacuum quantique » rempli d'énergie potentielle, turbulent et fluctuant, de la cosmologie contemporaine. A la lumière de cette progression, la DSQ est la prochaine étape logique de la physique théorique : le niveau s'abaisse encore, au-delà des quanta et des quarks, jusqu'à la vaste mer d'énergie de base du cosmos.

L'élaboration de la DSQ pourrait non seulement résoudre un certain nombre de paradoxes tenaces au niveau physique de la recherche, mais aussi dévoiler la nature fondamentale du principe qui introduit l'ordre dans les niveaux successifs de l'évolution de la nature. Une DSQ élaborée serait entièrement transdisciplinaire. Elle viserait à donner une description du comportement et de l'évolution des particules, des atomes, des molécules, des cellules, des organismes multicellulaires, ainsi que des systèmes sociaux et écologiques dans l'espace et dans le temps. Ces descriptions auraient pour référence de base le niveau sub-quantique. Formulées quantitativement (bien sûr jamais complètement) elles définiraient l'espace de phase des positions généralisées et des moments des quanta, et des configurations faites de quanta, au sein du champ ψ.

TROISIÈME PARTIE

Le panorama

INTRODUCTION

La recherche que nous avons menée dans la première partie de cet ouvrage nous a conduit à identifier le « facteur manquant » dans les tentatives en cours pour créer des théories unifiées dans les sciences contemporaines. Dans la deuxième partie, la torche que nous avons levée pour éclairer ce facteur nous a donné un aperçu d'une facette profonde de la réalité physique. A présent, dans cette troisième partie, nous allons explorer le panorama qui s'ouvre devant nous tandis que nous contemplons le monde à la lumière de nos hypothèses et découvertes.

Si nous faisons une récapitulation rapide, nous pouvons dire que le principe ordonnateur capable d'expliquer l'évolution de l'univers ne peut être le hasard, quelle que soit la façon dont est construit le monde dans lequel il pénètre : le hasard peut engendrer la diversité, mais non la logique et la cohérence. Ce principe ne serait pas non plus quelque ordre préexistant dans une autre dimension de la réalité ; de tels ordres seraient aussi invérifiables que restrictifs. L'évolution doit être un processus ouvert et en même temps auto-consistant, et elle doit se situer dans un univers qui soit d'une seule pièce. Les paradoxes qui encombrent les divers domaines de la recherche scientifique suggèrent que ce principe doit être un principe de connexion entre les phénomènes, connexion dans l'espace et dans le temps, mais située au-delà des frontières de l'espace-temps admises à l'heure actuelle.

Inclure ce facteur dans la représentation scientifique du

monde requiert une autre révolution dans les sciences de la nature : l'introduction d'une sorte de « physique du vacuum » que nous appelons dynamique sub-quantique (DSQ). Nous avons avancé une hypothèse préliminaire dans ce domaine, l'hypothèse DSQ d'une interconnexion universelle espace-temps par l'intermédiaire d'une interaction entre le champ sub-quantique et le monde des quanta. Si cette hypothèse se vérifie, le principe ordonnateur existe dans l'univers déjà au niveau sub-quantique. C'est le niveau le plus profond de la réalité physique, car les quanta ne constituent qu'un niveau dérivé du niveau de base. La plasticité du champ ψ ordonne et organise les quanta et, bien que de façon moins directe, elle ordonne les atomes faits de quanta, les molécules faites d'atomes, les cristaux et les cellules faits d'assemblages de molécules, et les organismes vivants faits d'assemblages de cristaux et de cellules.

Le fait que le monde s'auto-organise de bas en haut ne signifie pas qu'il soit un assemblage mécanique des parties qui le constituent. Cet « en-bas » particulier n'est pas une partie ; c'est le tout — tout l'univers y compris le champ sub-quantique. C'est le système dans son ensemble qui s'ordonne par le biais d'interactions mutuellement constitutives entre ses éléments.

L'énoncé de notre hypothèse DSQ a créé une image spécifique du monde. C'est l'image d'un univers dans lequel les phénomènes sont continuellement « in-formés » par un champ de mémoire opérant au niveau sub-quantique. Le feedback d'information augmente l'efficacité des processus de l'évolution, introduit une cohérence dans ce qu'ils produisent et encourage l'exploration de la nouveauté.

Nous proposons maintenant d'explorer cette hypothèse dans les principaux domaines où elle s'applique. Nous explorerons tout d'abord l'hypothèse dans le domaine *physique*, puis nous la considérerons dans le domaine de la *biologie*, ensuite dans le cadre de la *conscience*, et finalement dans le domaine de la *cosmologie*.

CHAPITRE 12

La DSQ de la physique

Le problème de la réalité quantique

Pendant presque toute la durée du XXe siècle, la physique quantique s'est heurtée à la question de la réalité. En 1900, Planck montra que l'énergie rayonne d'un corps en paquets discontinus que l'on appelle quanta ; en 1905, Einstein prouva que la lumière, outre ses propriétés ondulatoires déjà connues, a aussi un caractère corpusculaire ; en 1913, Bohr démontra que les électrons se déplacent autour du noyau et passent d'une orbite à l'autre sans étape intermédiaire ; en 1923, de Broglie posa l'hypothèse que les quanta ont des propriétés ondulatoires mais aussi corpusculaires ; et en 1927, Heisenberg formula le principe d'incertitude d'après lequel il existe des limites effectives à notre connaissance de la réalité objective. Bohr fut obligé d'en venir à la fameuse interprétation de Copenhague selon laquelle le monde des quanta est un « phénomène élémentaire » qui ne peut être connu et sur lequel il est en fait impossible de spéculer au-delà des observations immédiates. Dans l'ensemble, ces données constituent une conception de la réalité physique presque incompréhensible.

L'arbre de décision de la réalité quantique

Jusqu'à maintenant, la majorité des physiciens quantiques se sont conformés à la décision de l'école de Copenhague de ne pas s'interroger sur la nature indépendante du monde des quanta. Mais, de temps à autre, certains chercheurs se risquent malgré tout à donner des explications sur ce qui pourrait néanmoins sous-tendre le « phénomène quantique élémentaire ». Comme Jean Staune l'a montré, ces diverses possibilités, du moins les plus importantes, sont maintenant bien répertoriées.

Tout d'abord, il y a un choix fondamental : devons-nous faire des recherches dans le domaine de ce que Bernard d'Espagnat appelle « la réalité voilée » et Wheeler « le dragon fumant », ou bien faire comme si ce problème de la réalité n'existait pas ? Si nous choisissons la deuxième option, nous pouvons poursuivre nos expériences et nos observations, mais il faudra toutefois admettre que nous vivons au Pays des Merveilles d'Alice où les chats ont un sourire mais pas de corps. D'autre part, choisir d'affronter le problème de la réalité nous amènera à faire ultérieurement plusieurs autres choix.

L'un de ceux-ci consiste à évoluer dans les limites de la théorie quantique proprement dite. Dans ce cas-là, nous pouvons soit nier qu'il existe un monde indépendant de l'observateur — et notre quête s'arrête là —, soit admettre l'existence d'une réalité indépendante de tout observateur. Mais alors, nous sommes logiquement obligés de chercher à savoir pourquoi cette réalité est affectée par notre observation. Une réponse possible est que notre esprit conscient agit sur l'événement quantique parce qu'il observe cet événement. Nous adoptons là une position qui est celle en particulier de John von Neumann et Eugene Wigner[1]. Une autre réponse est que ce n'est pas celui qui observe l'événement, mais l'événement lui-même, qui décide de ce qui va se produire (par exemple, l'électron choisit son

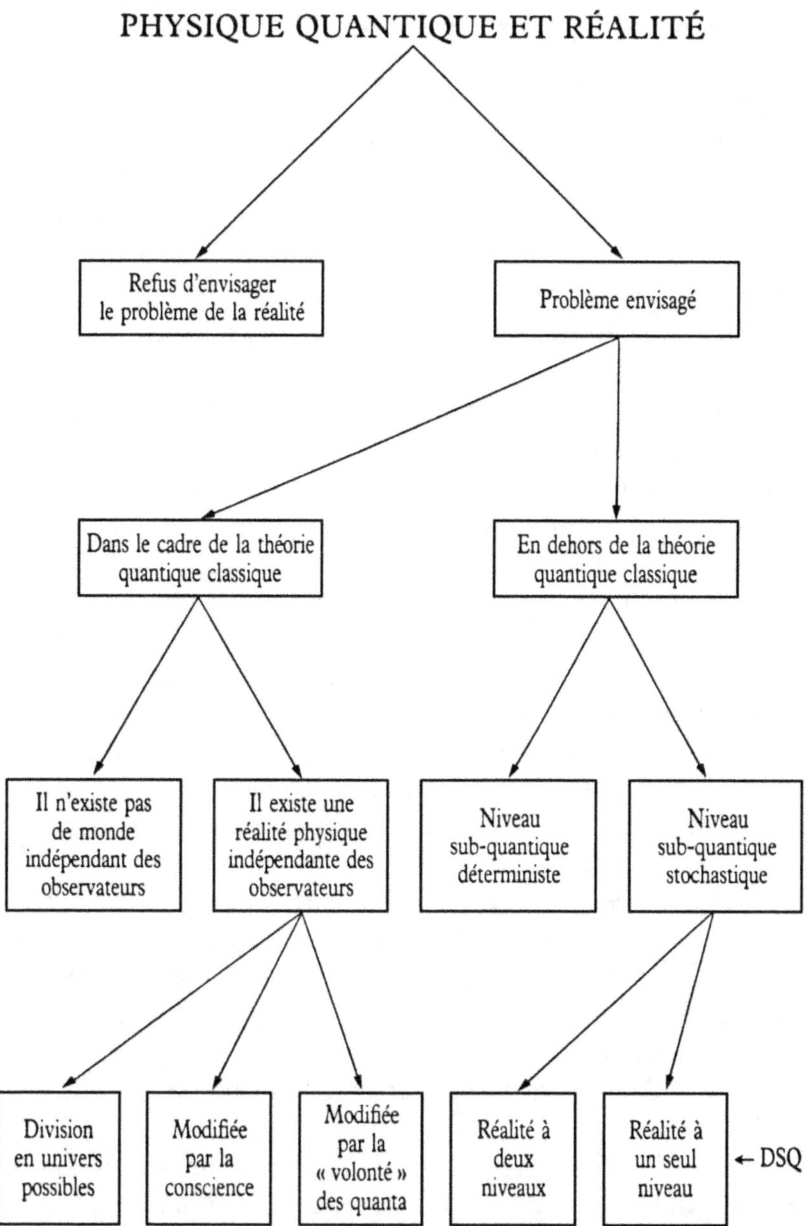

Fig. 5 - L'arbre de décision de la réalité quantique.
(D'après Jean Staune, « La révolution quantique et ses conséquences sur notre vision du monde », dans *Le 3ᵉ millénaire*, nᵒ 16.)

propre état, comme l'ont affirmé R. G. John et B. J. Dunne[2]). Une troisième solution, c'est que l'univers se divise en autant d'univers possibles qu'il existe d'états observés (une solution défendue par H. Everett[3]).

Si aucune de ces solutions ne nous satisfait, nous pouvons revenir en arrière et choisir une autre branche de l'arbre de décision. Dans ce cas-là, nous choisissons de nous éloigner des perspectives de l'« orthodoxie quantique » et d'admettre que la théorie quantique qui a cours actuellement est peut-être incomplète. Nous pouvons nous sentir encouragés, car nous ne sommes pas les seuls de cet avis : non seulement Einstein dans sa correspondance avec Bohr, mais aussi Dirac, estimait que la théorie des quanta telle qu'elle est formulée n'est pas la réponse ultime. Citons Dirac : « La mécanique quantique actuelle n'a pas atteint sa forme définitive. Des modifications ultérieures seront nécessaires, presque aussi radicales que celles qui sont intervenues quand on est passé des orbites de Bohr à la théorie quantique proprement dite. Il est très vraisemblable qu'à longue échéance, ce soit en fin de compte Einstein qui ait raison[4]. »

Parmi ceux qui osèrent aller au-delà des doctrines classiques, il faut citer David Bohm avec sa théorie bien connue des variables cachées. Depuis lors toute une série de théories du champ ont remplacé le déterminisme de la théorie des variables cachées, par un déterminisme interactif exercé par l'ensemble des relations des quanta. Comme nous l'avons vu dans la première partie à propos de la théorie de la matrice S, de celle du *bootstrap* et de celle du champ quantique, en fin de compte l'état quantique provient de l'ensemble des interactions qui caractérisent la totalité de l'univers.

La question à se poser concerne alors la nature de cette totalité. Bohm, qui dépassa l'idée des déterminants locaux de la théorie des variables cachées pour aller jusqu'au concept holistique de l'ordre impliqué, suggère qu'il existe une autre sphère de réalité, non temporelle et non spatiale, où tout ce qui s'est passé et tout ce qui se passera est déterminé complètement et de façon permanente. Notre hypothèse DSQ s'accorde avec l'idée que l'explication implique un domaine spectral où l'information est non spatiale et non temporelle, mais elle prétend que ce domaine fait partie d'un ensemble où les interrelations sont indissolubles. Une (très grande) partie de cet ensemble est le champ sub-quantique rempli d'énergie potentielle, et l'autre (comparativement plus petite, mais cruciale) est la sphère des énergies-matières de l'univers actualisé. L'interaction de ces deux parties distinctes mais inséparables définit l'état quantique. Peut-elle résoudre les énigmes déconcertantes de la physique quantique actuelle ?

Il y a donc une branche prometteuse dans l'arbre de décision de la réalité quantique. Elle commence par la décision consciente de s'interroger sur le problème de la réalité ; elle continue avec la résolution de poursuivre les recherches au-delà de la doctrine quantique classique ; elle amène à choisir l'univers dans sa totalité comme déterminant de l'état quantique, et elle aboutit à l'option d'une réalité à un seul niveau dans laquelle les interactions entre le champ sub-quantique et les quanta produisent les phénomènes observés. Pour ceux qui souhaitent explorer à fond le problème de la réalité quantique, il n'y a pas d'autre alternative que de suivre cette branche jusqu'à sa conclusion.

Si nous la suivons, il faut nous interroger sur les résultats éventuels. Que nous dit l'hypothèse DSQ sur les solutions possibles à apporter aux paradoxes du monde quantique ?

Paradoxes quantiques : deuxième examen

Examinons à nouveau ces découvertes importantes. Les photons émis individuellement interfèrent entre eux comme des ondes ; et la mesure de l'état d'une particule détermine l'état de l'autre. Lorsqu'ils circulent à travers les supraconducteurs, les électrons ont un comportement tout à fait cohérent alors que quand ils gravitent autour d'un noyau atomique, ils s'excluent l'un l'autre sans qu'il y ait échange apparent de formes d'énergie. Les fréquences de vibration de certains atomes sont accordées de façon précise, malgré une probabilité infime ; les constantes de base qui régissent les processus de l'évolution de l'univers sont elles aussi accordées l'une avec l'autre de façon extrêmement précise. Il semble donc que, soit dans le temps soit dans l'espace, des événements éloignés soient interconnectés. Ces connexions sont quasi instantanées — elles vont au-delà de ce qui est permis par la théorie de la relativité et elles ne semblent diminuées ni par le temps ni par la distance.

Rappelons les expériences qui ont donné naissance à ces paradoxes. Dans l'expérience de la double fente et dans celle des faisceaux séparés, les photons émis sont des corpuscules et ils interfèrent comme des ondes. Ni le temps ni l'espace ne semblent avoir d'action contraignante sur l'effet d'interférence. Lorsque nous considérons ces expériences de la manière habituelle, les résultats sont paradoxaux : nous sommes dans l'obligation de dire que les photons empruntent plusieurs trajectoires à la fois, ou bien que chaque photon « sait » ce que font les autres, quelle que soit la distance qui les sépare lors de leur émission.

Dans l'expérience d'EPR, des particules « jumelles » sont séparées et l'on effectue une mesure sur l'une d'entre elles. Selon les valeurs de cette mesure, les probabilités associées à l'état de l'autre particule disparaissent aussi. Cependant, la théorie des quanta n'explique pas comment l'état d'une particule peut déterminer l'état de l'autre : jusqu'à l'instant où on les observe, elles doivent se trouver dans un état de probabilité où les solutions sont superposées. La possibilité restante, à savoir que les instruments de mesure seraient à certains égards interconnectés, a été éliminée à la suite d'expériences réalisées avec beaucoup de soin par Alain Aspect et ses collaborateurs[5]. Cependant, si les particules sont dans un état indéterminé jusqu'à ce que l'une d'elles soit soumise à l'observation, si à cet instant toutes deux adoptent un certain état — et si les observateurs et leurs instruments n'établissent entre elles aucune sorte d'interconnexion —, alors il faut bien qu'un signal soit passé entre elles. Les seules possibilités sont les suivantes :

1. La particule observée remonte d'une manière ou d'une autre le temps pour informer sa jumelle de la mesure effectuée sur elle (c'est une suggestion de Costa de Beauregard[6]), ou bien :

2. Les deux particules sont intrinsèquement inséparables, parce qu'elles appartiennent à un système commun de coordonnées.

L'ennui, avec la première hypothèse c'est que le signal pour aller d'une particule à l'autre, devrait aller plus vite que la vitesse de la lumière. Le principe de la relativité ne pourrait être respecté qu'en supposant que ce qui est impliqué ici n'est pas de l'information au sens conventionnel du terme : le signal ne serait transmis par l'intermédiaire d'aucune forme de matière ou d'énergie. Dans ce cas, nous avons effectivement une explication, mais il s'agit d'une autre version de l'histoire du Chat du Cheshire.

Ces découvertes amenèrent à concevoir certaines des plus connues parmi les « Gedanken experimente » (expériences de pensée) de la théorie quantique, y compris celle qui devint célèbre sous le nom d'expérience du « chat de Schrödinger ». Schrödinger proposait de prendre un chat et de le placer dans un habitacle scellé. Puis de construire un dispositif qui, de façon tout à fait aléatoire, émet ou non dans l'habitacle un gaz toxique. Ainsi, lorsqu'on va ouvrir l'habitacle, le chat sera ou vivant ou mort. Le bon sens suggère que le chat meurt si l'émission de gaz se produit — donc, qu'il est déjà ou vivant ou mort quand on ouvre l'habitacle. Mais cet état de choses n'est pas conforme à la théorie des quanta. Cette théorie veut que, tant que l'habitacle est scellé, il existe une superposition d'états liée aux probabilités telle que le chat est à la fois vivant et mort. A l'ouverture de l'habitacle, les probabilités disparaissent, et le chat est alors *ou* vivant *ou* mort.

Une expérience de pensée similaire fut proposée par Louis

de Broglie. Cette fois, nous allons prendre un électron au lieu d'un chat, et le placer dans un récipient scellé. Divisons notre récipient, qui se trouve à Paris, en deux moitiés scellées et expédions-en une à Tokyo et l'autre à New York. Le bon sens nous dit que si nous ouvrons le demi-récipient à New York et que nous y trouvions l'électron, c'est que celui-ci y était déjà quand le récipient a été expédié de Paris. Mais il est interdit de raisonner comme cela, de même qu'il était interdit de décider si le chat de Schrödinger était vivant ou mort. Chaque demi-récipient doit avoir une probabilité de contenir l'électron qui ne soit pas égale à zéro. Puis, à l'instant où l'une des deux moitiés est ouverte à New York, sans préjuger qu'elle contiendra ou non l'électron, la superposition d'états (qui impose que l'électron soit à la fois présent et absent) est aussi réduite à Tokyo. Mais comment la « particule de Tokyo » découvre-t-elle le moment précis, ainsi que le résultat, de la mesure de la « particule de New York » ? Essayons d'aborder ces expériences d'une manière complètement différente.

Le choix DSQ

L'hypothèse DSQ prévoit des connexions quasi instantanées entre les quanta au sein du champ sub-quantique. De telles connexions sont requises pour résoudre les principaux paradoxes du monde quantique, et nous allons nous efforcer ici de trouver grace à ces connexions une explication, même s'il ne s'agit que d'une explication préliminaire et qualitative.

Rappelons que, d'après l'hypothèse DSQ, les quanta sont des ondes, analogues aux solitons, qui se déplacent dans le champ sub-quantique sous forme de courants. La vitesse de ces courants est déterminée par le coefficient de viscosité du champ : cela limite la vitesse de déplacement des quanta à la vitesse de la lumière. Les courants créent des fronts d'ondes secondaires qui se recoupent, et les interférences qu'ils produisent agissent sur les trajectoires des courants primaires. Les ondes secondaires, n'étant pas des courants au sein du champ, ne sont pas limitées par son coefficient de viscosité : elles se propagent quasi instantanément dans le champ et créent une base d'information distribuée. Par conséquent, les quanta établissent des interconnexions dans le champ sub-quantique (et constituent, de ce fait, la structure fine du champ ψ).

Ces concepts peuvent fournir une explication logique à un certain nombre de paradoxes quantiques. Le phénomène de supraconductivité est expliqué relativement facilement. La supraconductivité et la superfluidité démontrent toutes deux qu'il existe des connexions étroites parmi les quanta lorsqu'ils ont une forte densité spatiale. Comme nous l'avons fait remarquer au chapitre 5, la disparition de la résistance électrique dans un supraconducteur est due au degré élevé de cohérence entre les électrons dont l'écoulement provoque le courant. L'équation de Schrödinger prend la même forme pour tous les électrons du courant. En raison d'une cohérence semblable entre les quanta qui constituent un superfluide tel que l'hélium à basse température, ces fluides peuvent s'écouler sans résistance même à travers d'étroits capillaires.

Dans ces phénomènes, la cohérence des quanta peut être considérée comme une manifestation de la réunion de courants contigus dans le champ sub-quantique. Les courants constitués d'électrons individuels s'entraînent mutuellement et créent un courant unique cohérent dans son ensemble. Cette condition serait universelle — mais les perturbations provoquées par le bruit de fond thermique à des températures plus élevées détruisent la cohérence du courant d'électrons et produisent le phénomène de la résistance électrique. De la même façon, le bruit thermique des molécules d'un liquide non refroidi à de très basses températures crée suffisamment d'incertitude pour ramener la fluidité à des niveaux conventionnels. Le refroidissement à très basse température supprime les perturbations et révèle la cohérence intrinsèque des courants quantiques contigus au sein du champ sub-quantique.

L'interaction non localisée existant au niveau quantique pose différents problèmes. Dans l'expérience de la double fente, par exemple, des photons émis individuellement traversent sous forme d'onde deux fentes percées dans un écran, et ce, même si, en tant que particules, ils ne pouvaient traverser qu'une seule de ces fentes. Bien que les photons soient émis un à un, ils interfèrent comme des vagues à leur point d'impact.

La situation expérimentale peut être réinterprétée pour montrer que la source de lumière engendre des courants successifs dans le champ sub-quantique, courants qui circulent du point d'émission des photons au point d'impact sur l'écran d'enregistrement. Ces courants sont des ondes analogues aux solitons et traversent les deux fentes. L'interférence de ces photons émis successivement démontre que le milieu conserve la trace de chaque courant, permettant ainsi les interférences successives.

Une interprétation semblable est requise dans le cas de l'expérience des faisceaux séparés. Ici aussi, nous avons des courants analogues à des « solitons » qui se déplacent séparément après avoir été émis un par un par un canon à photons en direction d'un instrument de mesure, mais, cette fois, on place sur leur trajectoire des miroirs semi-transparents. Chaque courant se déplace le long de la trajectoire créée pour lui par les miroirs, et comme les particules émises successivement interagissent — les ondes s'additionnant ou s'annulant —, on peut supposer que la trajectoire de chaque courant d'électrons est conservé dans le champ sub-quantique. Les courants successifs peuvent ainsi créer la distribution caractéristique : « tous les photons d'un côté et aucun de l'autre » à leur point d'impact.

Qu'un courant de photons émis voici des milliers d'années dans une lointaine galaxie et séparé par l'effet de prisme d'une galaxie soit encore capable de produire des franges d'interférences, voilà qui demande explication en fonction des propriétés conservatrices du champ sub-quantique, en se référant à l'enregistrement quasi permanent des trajectoires des ondes secondaires.

La non-localisation mise en évidence dans l'expérience d'Einstein-Podolski-Rosen requiert elle aussi une explication en termes de conservation de l'information dans le champ sub-quantique. Le « collapse de la fonction d'onde » dans la moitié d'une particule divisée en deux, disparition se produisant au moment où des mesures sont prises pour l'autre moitié, suggère que les deux moitiés demeurent continuellement et à chaque instant en corrélation — une corrélation qui, dans toute interprétation réaliste, rend nécessaire qu'il existe soit un signal passant entre elles, soit un milieu sous-jacent qui transmette l'information. La première possibilité a été éliminée lors de récentes expériences ; il ne reste donc que la seconde. L'ensemble des franges d'interférences des fronts d'ondes secondaires devient le concept qui permet d'expliquer cela. Ces franges sont quasi instantanément distribuées dans le champ sub-quantique et affectent l'état de tous les quanta qui s'y trouvent.

Une corrélation quasi instantanée à travers le champ ψ, aspect effectif du champ sub-quantique, constitue une réponse aux paradoxes posés par les expériences de pensée de Schrödinger et de de Broglie. Si les quanta sont continuellement et à chaque instant en corrélation dans ce champ, le chat de Schrödinger mourra dès lors que le gaz toxique pénétrera dans son habitacle, il vivra dans le cas contraire : nul besoin d'avoir ici recours à une superposition de probabilités entre deux états. Cela s'applique aussi bien aux électrons de de Broglie qui, de Paris, s'en vont dans des directions opposées. Si les deux moitiés de l'électron sont à chaque instant et constamment en corrélation, il n'est pas nécessaire qu'elles soient condamnées à un état de probabilité non égale à zéro jusqu'à ce que l'ouverture du récipient fasse disparaître leur fonction d'onde.

Des connexions de cette sorte sont nécessaires aussi pour expliquer comment les électrons sont en corrélation dans les orbites d'un atome — comment ils se dotent d'une fonction d'onde antisymétrique et comment ils s'excluent mutuellement en fonction du spin et de la position des niveaux d'énergie successifs. Les connexions entre les quanta sont pareillement requises pour expliquer comment l'univers actualisé pourrait aller au-delà du stade hélium-hydrogène et édifier des structures de plus en plus complexes en accordant précisément les niveaux d'énergie de l'hélium, de l'isotope instable du béryllium, de l'oxygène et du carbone. On doit admettre que la probabilité pour que des coïncidences telles que celle-ci se produisent a été augmentée par les traces d'interférences d'ondes laissées dans le champ ψ. Le feedback d'information de ce schéma vers les noyaux déjà existants est requis pour accroître la probabilité que des niveaux d'énergie tombent sur des valeurs qui coïncident. A la longue, ce gauchissement subtil dans le jeu des probabilités pourrait créer une résonance double entre les trois noyaux et faire croître la probabilité d'une triple collision se produisant entre eux.

Ici, comme dans le phénomène d'exclusion, nous avons affaire à des configurations entières de quanta plutôt qu'à des photons ou des électrons émis isolément. Dans ces cas-là, c'est le feedback d'information de la fonction d'onde de la configuration tout entière qui fait la différence. La configuration dynamique dans l'espace — c'est-à-dire la « structure stéréodynamique » — de l'atome tout entier est conservée dans l'ensemble des franges d'interférence du champ ψ, et elle in-forme chaque électron en fonction de la configuration énergétique totale de l'atome.

Vers un nouveau paradigme quantique

La représentation du monde des quanta telle que nous l'exposons ici implique des changements fondamentaux dans l'image du monde qui est habituellement la nôtre. Lorsque nous dénonçons la séparation radicale entre le monde subatomique et le monde macroscopique que nous rencontrons dans notre expérience quotidienne, il nous incombe d'en expliciter les implications, quelque surprenantes qu'elles puissent se révéler.

En général, nous considérons que les corps se déplacent dans l'espace. Les corps sont des solides, et l'espace est l'espace ; s'il n'est pas vide, il est de toute façon moins solide (donc, d'une certaine manière, moins réel) que les corps qui s'y déplacent.

Cette image de base était l'une des pierres angulaires de la représentation du monde selon Newton, et, malgré les changements révolutionnaires intervenus récemment dans ce paradigme scientifique, elle a encore cours à l'heure actuelle. C'est elle aussi qui inspire l'interprétation des résultats des expériences menées en matière de quanta. Bien que l'interprétation courante des phénomènes quantiques interdise aux physiciens d'envisager que les particules aient en aucune façon une réalité indépendante de l'observation à laquelle elles peuvent être soumises, l'hypothèse tacitement partagée par la plupart des chercheurs est que les photons, les électrons et autres particules sont projetés dans l'espace vers et à travers les écrans et les miroirs. Les chercheurs considèrent les instruments utilisés pour l'expérimentation comme des corps solides ou semi-solides sur lesquels les photons butent de façons diverses, parfois prévisibles, parfois non. La réalité privilégiée se compose du photon et du dispositif d'expérimentation ; tout ce qui se situe en deçà apparaît secondaire. Les physiciens admettent en principe la structure complexe de l'espace, mais le « fantôme de l'éther » et le problème des infinis les empêchent de la regarder de la même façon que les corps qui l'occupent.

La perspective ouverte par l'hypothèse DSQ inverse ce tableau. La réalité primaire, c'est le champ sub-quantique : c'est le milieu dans lequel tous les corps sont situés. Dans ce milieu, les corps sont des déformations du champ analogues aux solitons. Par conséquent, il ne faudrait plus considérer que les photons sont projetés dans l'espace à travers ou vers des écrans ; nous devrions nous rappeler que tous les phénomènes font partie d'un milieu commun. Les photons, comme les autres corps, sont des déformations qui se déplacent dans le champ sub-quantique, et ils créent des déformations secondaires sous forme d'ondes qui partent de leur trajectoire. Les écrans, comme les autres objets du monde quotidien, sont des structures faites d'une multitude de déformations primaires dont la configuration revêt des formes complexes comparativement stables.

C'est le milieu — le champ sub-quantique — lui-même qui se déplace constamment et non les photons discrets qui sont projetés vers ou à travers les écrans. Une déformation dont la structure est relativement simple se déplace vers et à travers des déformations plus complexes et plus stables, créant des ondes qui se propagent quasi instantanément.

Penser en ces termes constitue une atteinte au bon sens. Toutefois la physique contemporaine n'a cessé et ne cesse de se comporter ainsi, et ce tournant-là, quoique différent, n'est pas plus intolérable que beaucoup d'autres qui lui furent déjà imposés (pensons aux quarks, aux particules virtuelles, aux espaces pluridimensionnels, aux supersymétries, aux supercordes et autres ésotérismes cosmiques). Cependant, ce dernier tournant est nécessaire pour échapper à l'idéalisme de l'école de Copenhague, où il n'y a que des observations mais pas d'observables à quoi ces observations puissent se référer.

L'étrangeté de la réalité inversée de l'approche DSQ est tempérée par l'analogie avec l'image familière de la mer. Le champ sub-quantique est une mer quasi infinie d'énergies potentielles qui englobe toute chose : il n'y a pas de « dessus » ni de « dessous », pas non plus de rivage où finirait la mer.

Les objets matériels que nous rencontrons dans notre vie de tous les jours sont comme des navires sur la mer. Bien que leur mouvement soit fini, leur sillage s'étend à travers l'océan avec une vitesse infinie. Au fur et à mesure que les navires se déplacent, la mer devient de plus en plus agitée.

Comme c'est une mer qui n'a pas de surface cette agitation fait référence à l'ensemble quasi infini des énergies qu'elle contient ; une turbulence s'établit à travers la mer. Les perturbations se superposent aux vagues de sorte qu'un milieu hautement complexe se crée dans lequel se déplacent les navires. Le mouvement de chacun d'eux est de plus en plus influencé par ses propres mouvements précédents, ainsi que par ceux des autres navires. La mer indique à chaque navire le mouvement passé et présent de tous les autres navires.

Afin d'être plus précis il nous faut introduire une complication supplémentaire à cette description. Ces navires ne sont pas des objets séparés de la mer, ils sont eux-mêmes les vagues de cette mer. Ils naviguent aussi bien en tant que vagues solitaires, ou en tant que structures complexes bâties à partir des vagues solitaires. Mais quel que soit le degré de complexité et de persistance de ces navires-vagues, ils restent des éléments de la mer dans laquelle ils apparaissent.

Les photons, les électrons ainsi que les écrans et autres instruments de laboratoire — sans oublier les physiciens qui les utilisent — sont des solitons qui sont dans la mer et qui en font partie. Lorsqu'un physicien mesure une particule, il mesure un soliton dans la mer. Lorsqu'il fait une expérience quantique, c'est un soliton complexe qui procède à une expérience avec d'autres solitons, moins complexes. Si le physicien voulait bien admettre cela, et aussi que les perturbations créées par les solitons initiaux sont quasi instantanément réparties sur l'ensemble de la mer, il ne serait pas surpris que les phénomènes qu'il observe soient étroitement interconnectés.

Mais même le physicien le plus dépourvu de bon sens est surpris. Pourquoi donc ? On dit que si l'on demandait à un poisson de parler de l'eau, il ne saurait rien en dire — pour lui, l'eau est omniprésente, et il ne perçoit sans doute pas sa présence. Il en va de même pour nous, créatures terrestres. Il a fallu que la science nous aide à découvrir que l'air qui nous entoure consistait en un assemblage de molécules ; et que l'espace cosmique ait une structure nous paraît encore un concept théorique abstrait. Notre cerveau et notre système nerveux, et jusqu'à nos organes des sens, n'ont pas évolué pour percevoir le monde tel qu'il est, mais seulement pour percevoir ce qui est utile à notre survie. Reconnaître que ce qui apparaît comme un « espace vide » est le milieu qui a donné naissance à toute chose n'est pas indispensable à notre survie. Toutefois, admettre cela est une nécessité *cognitive* lorsque nous sondons la nature au niveau quantique : à défaut, il n'existe pas d'explication réaliste de ce que nous découvrons.

CHAPITRE 13

La DSQ de la biologie

Nous allons maintenant abandonner les profondeurs de la réalité physique pour nous intéresser aux domaines de la vie. Au sein de ces domaines, les interactions qui se produisent entre le champ sub-quantique et les corps familiers qui peuplent notre environnement ne sont pas aussi déterminantes que dans le monde des quanta ; les corps moléculaires et macroscopiques du monde vivant sont comparativement détachés du champ ψ. Cependant, bien que plus subtiles, les interactions qui ont lieu avec ce milieu fondamental sont néanmoins d'une importance cruciale. Elles déterminent le comportement et l'évolution des systèmes vivants.

L'évolution des systèmes d'énergie-matière dans l'univers actualisé commence avec les particules quantifiées et se poursuit avec les atomes et les molécules à l'intérieur des étoiles comme dans l'espace interstellaire. Sur la Terre, et peut-être sur d'autres planètes qui s'y prêtent, l'évolution se poursuit et construit une série de structures qui s'emboîtent les unes dans les autres comme des poupées russes. Les systèmes écologiques de notre planète, les plus vastes des structures intégrées, sont faits de systèmes continentaux puis d'écosystèmes à échelle plus réduite qui, à leur tour, sont faits de populations d'organismes vivant dans un environnement physico-chimique et biologique. Les organismes individuels sont composés de cellules, les cellules de protéines, les protéines de groupes de molécules, les molécules d'atomes, et les atomes de particules. Ces dernières proviennent de l'excitation du champ d'énergie potentielle sous-jacent, comme les solitons dans un milieu turbulent.

Comment naît cet ordre étonnant ? Qu'est-ce qui pousse l'évolution moléculaire, cellulaire et organique vers des niveaux de complexité croissante ? Qu'est-ce qui guide cette évolution, si tant est qu'il y ait effectivement quelque chose pour la guider ? Les paradoxes non encore résolus du monde biologique témoignent de l'importance de ces questions et montrent que quelque chose de plus que le simple hasard est à l'œuvre dans l'évolution biologique.

Interaction entre l'organisme et le champ ψ

Lorsque nous cherchons le principe ordonnateur de la nature vivante, nous ne sommes pas obligés de partir de zéro. Nous avons déjà en main les éléments d'une hypothèse de travail : les postulats de l'hypothèse DSQ.

Cette hypothèse suggère qu'au fur et à mesure que les quanta s'organisent en configurations hautement ordonnées, ils se détachent progressivement du champ ψ. Il en résulte que la relation de systèmes tels que des cellules et des organismes avec le champ sub-quantique est relativement nette : elle consiste en une action-réaction constante qui se produit entre des corps matériels complexes d'une part et le champ ψ d'autre part.

Les configurations quantiques hautement ordonnées que constituent les systèmes vivants créent des schémas d'interférences d'ondes dans le champ sub-quantique et, comme tous les corps de l'univers actualisé, les systèmes vivants sont soumis à l'effet de feedback de ces schémas. Nous pourrions exprimer cela d'une façon pragmatique en disant que *les systèmes vivants lisent leur morphologie spécifique dans le champ* ψ, *et lisent les schémas correspondant à cette morphologie à partir de ce champ.*

Puisque les macro-objets comme les organismes sont comparativement détachés du niveau quantique, l'effet de feedback du champ ψ influence la trajectoire des paramètres de leur évolution, plutôt que leur état de base comme c'est le cas avec les quanta. En termes simples, cela signifie que les organismes sont interconnectés dans le champ sub-quantique d'une manière subtile plutôt que directe. Bien qu'il existe des connexions directes (les configurations de quanta qui constituent les organismes font partie du champ sub-quantique), dans les macrostructures organiques l'inter-connexion est plus subtile.

Malgré la subtilité des liens, les organismes (nous utili-serons ce terme de façon générale pour désigner toutes les variétés de systèmes existant dans le domaine de la vie) sont soumis à l'effet de feedback provenant du champ ψ à la fois individuellement et collectivement. La génération et la régénération de morphologies individuelles, comme l'évo-lution d'espèces entières, sont « in-formées » par les ondes d'interférence contenues dans le champ.

Lorsque nous recherchons les effets du champ ψ sur les organismes, nous devons savoir en quelles conditions ils sont susceptibles d'être obtenus. Heureusement, nous dis-posons déjà d'un indice pour répondre. Il nous suffit de nous souvenir que les systèmes gouvernés en totalité ou en partie par des attracteurs chaotiques sont extrêmement sensibles. Des fluctuations minimes dans leur milieu interne ou externe peuvent se diffuser rapidement et déterminer leur évolution. Comme nous l'avons fait remarquer, même des changements subtils dans des distributions de probabi-lités par ailleurs aléatoires peuvent transformer des proces-sus d'évolution qui, au lieu d'avancer au hasard aux alentours d'états dynamiquement stables existants, exploreront les strates de stabilité potentielle disponibles.

Les organismes sont susceptibles d'être « in-formés » par le feedback d'information issu du champ quand leur état dynamique est soumis aux attracteurs chaotiques. Nous devons donc chercher l'effet de l'interaction organisme/champ ψ dans les systèmes chaotiques, ou dans les intervalles chaotiques de systèmes par ailleurs non chaotiques.

Les systèmes vivants ne manquent pas d'états et d'intervalles chaotiques. Que ce soit totalement ou partiellement, de façon permanente ou temporaire, de nombreux états organiques peuvent être modélisés par des attracteurs chaotiques. Cela est même vrai du comportement d'un organe apparemment stable comme le cœur. Un cœur sain ne bat pas comme un métronome : il y a des irrégularités qui révèlent l'influence d'attracteurs chaotiques. Quand ces irrégularités dépassent les limites admises (dans la fibrillation, par exemple), il y a danger de dérèglement grave. Mais quand les irrégularités disparaissent complètement et que le cœur reprend un rythme monotone, cela ne signifie pas un retour à la normale, mais que l'organisme est proche de la mort.

De façon encore plus significative, les états chaotiques se manifestent au niveau du néocortex du cerveau humain. On suppose que la sensibilité de cet organe est due en grande partie aux conditions chaotiques qui règnent en permanence dans le réseau complexe de ses neurones.

Il y a aussi des processus chaotiques qui se produisent au niveau des espèces et des populations. Tout d'abord, il y a la variabilité du génotype : c'est l'origine des mutations génétiques, donc un facteur crucial dans l'évolution des espèces. Les mutations sont un mécanisme chaotique complexe s'appliquant aux populations d'organismes. Il est donc probable que le génotype, comme l'organisme et le cerveau, puisse être « in-formé » par le feedback d'information issu du champ ψ.

L'in-formation des organismes

Avec l'hypothèse de l'interaction organisme/champ ψ à notre disposition, nous pouvons à présent étudier les paradoxes de la biologie. Les données pertinentes concernent la génération, la régénération et l'évolution des formes complexes des organismes. Comme nous l'avons vu au chapitre 5, il y a des caractéristiques étonnantes associées à la génération et à la croissance d'un organisme qui ont poussé plusieurs biologistes à la conclusion que quelque chose de plus que des facteurs purement génétiques est impliqué dans ce processus. Les chaînes d'ADN des chromosomes cellulaires ne peuvent, à elles seules, expliquer la différenciation et l'organisation d'une grande variété de cellules dans des conditions très diverses. La chimie organique ne peut, elle non plus, suffire à cet égard.

La nature discontinue de l'évolution fait apparaître de nouvelles énigmes, car ces discontinuités sont en contradiction avec l'explication darwinienne de la transformation des espèces. En présence de tels paradoxes des théoriciens d'avant-garde comme Brian Goodwin et Rupert Sheldrake ont invoqué des champs biologiques, cependant que d'autres biologistes ont envisagé des explications encore plus ésotériques. Alistair Hardy a parlé de l'existence possible de plans psychiques ; Hermann Weyl a postulé la présence de facteurs directifs immatériels tels que les idées, les images ou les plans ; et Roberto Fondi a imaginé que la matière vivante pouvait être informée par des archétypes. Il se peut cependant qu'il n'y ait pas besoin de spéculations métaphysiques et qu'une explication adéquate puisse être formulée dans les termes d'un champ qui ferait partie de la réalité physique.

Jacob fait remarquer que ce qui distingue un papillon d'un lion, une poule d'une mouche, ou un ver d'une baleine, c'est beaucoup moins une différence de constituants chimiques que l'organisation et la distribution de ces constituants. Chez les vertébrés, les composants chimiques sont les mêmes ; les différences qui distinguent deux espèces ne concernent pas la structure, mais la régulation. Des changements mineurs dans les circuits de régulation pendant la formation de l'embryon peuvent profondément affecter le résultat final. On peut obtenir un animal tout à fait différent en modifiant simplement le taux de croissance des différents tissus ou la durée de synthèse des diverses protéines. Mais si ce n'est pas l'ADN, qu'est-ce donc qui règle ces processus complexes ?

Les programmes qui opèrent la régénération des organismes abîmés posent de semblables problèmes. Comment se fait-il que le triton à qui on a ôté ses deux cristallins réussisse à en fabriquer de nouveaux, alors qu'un tel accident a très peu de chances de se produire dans la nature ? Comment les cellules dissociées d'une éponge de mer font-elles pour se retrouver et se rassembler afin de former un nouvel organisme ?

Il y a d'autres énigmes dans l'évolution. L'environnement change constamment et les espèces doivent occasionnellement chercher d'autres « niches ». Mais comment pourraient-elles échapper à leurs structures génétiques devenues mal adaptées dans un environnement modifié ? Si l'évolution reposait uniquement sur des mutations aléatoires, les mutants issus d'un tel processus seraient très probablement éliminés par l'implacable tri de la sélection naturelle.

Mais voyons ce qu'il advient de ces énigmes quand nous les regardons à la lumière de l'hypothèse DSQ.

L'effet ψ dans l'ontogenèse

Lorsque nous nous interrogeons sur l'existence d'un éventuel effet de feedback venu du champ ψ (effet que nous appellerons simplement « effet ψ »), nous devrions d'abord préciser quels sont les processus qui seraient soumis à cet effet. L'hypothèse DSQ nous dit de rechercher les effets ψ lorsque les organismes sont dans un état de chaos :

nous allons donc commencer par observer quelques systèmes de ce genre dans le monde vivant.

En plus du cœur et du cerveau, de nombreux organes du corps sont dans un état de chaos, encore que ce ne soit parfois que partiellement ou temporairement. En ce qui concerne l'ontogenèse, il est significatif que la genèse de l'embryon dans l'utérus se produise dans un système chaotique — c'est-à-dire un système complexe mais, à maints égards, indéterminé. Comme l'a fait remarquer Jacob, des processus hautement complexes interviennent dans la division et la différenciation cellulaires, et ces processus requièrent une régulation aussi détaillée que précise. Une telle régulation a peu de chances d'être complètement codée par l'ADN. Elle pourrait toutefois être sous la dépendance d'une interaction entre les cellules codées par l'ADN et leur environnement.

La question qui se pose c'est de savoir ce que nous entendons ici par « environnement ». D'après Waddington, c'est l'interaction du fœtus avec l'environnement biochimique de l'utérus qui crée les « chréodes », trajectoires dynamiques qui mènent à la genèse de l'embryon complet. Il y a toutefois une autre possibilité : la croissance et la différenciation de l'embryon pourraient être influencées aussi par le champ dans lequel le processus a lieu.

Les cellules qui composent l'embryon en formation constituent une configuration dynamique d'atomes et de molécules. Comme c'est le cas avec d'autres configurations de ce genre, la transformée de Fourier qui la caractérise est enregistrée dans la structure fine du champ sub-quantique. Quand, dans la transformée inverse, l'onde est à nouveau transférée dans le réseau de cellules en division qui constitue l'embryon, l'effet est un guidage subtil qui affecte des choix (autrement indéterminés) entre des trajectoires équi-possibles. Comme Hoyle l'a montré avec l'exemple du Rubik's Cube, de tels guidages peuvent se révéler extrêmement efficaces. Au cours de l'embryogenèse, des signaux subtils obtenus par interaction avec le champ ψ pourraient diriger le taux de croissance des différents tissus, la durée de synthèse des diverses protéines et l'interaction des innombrables trajectoires de différenciation. De ce fait l'embryon pourrait se développer conformément à la morphologie de son espèce.

L'effet ψ permet de mieux comprendre la fiabilité de la reproduction selon le mode parental. Si c'est une poule et non un faisan qui sort d'un œuf de poule, et si c'est un être humain et non un chimpanzé qui se forme dans l'utérus d'une femme, c'est parce que le schéma stéréodynamique spécifique de la poule ou de l'être humain « in-forme » les cellules fécondées et guide leur morphogenèse particulière. Le schéma spécifique de l'espèce, retransféré à partir de l'onde du champ, oriente le réassemblage des cellules en une configuration correspondante dans l'espace et le temps.

L'embryogenèse n'est pas le seul processus organique qui soit affecté par l'interaction avec le champ sub-quantique ; il existe de nombreux exemples de régénération morphologique du même ordre. Tous les organismes laissent l'empreinte de leur onde dans le champ, et les organismes vivants qui « s'accordent » avec ces empreintes sont constamment affectés par celles-ci. Quand ces organismes sont dans un état dynamiquement indéterminé (c'est-à-dire chaotique), les résultats deviennent évidents. Le feedback du schéma spécifique de l'espèce de l'éponge de mer devient évident quand les cellules sont séparées les unes des autres et que leurs relations mutuelles restent dynamiquement indéterminées ; le feedback du schéma spécifique du triton devient évident quand l'ablation des cristallins crée des conditions localement indéterminées ; et comme suite pour tous les processus de régénération organique.

L'effet ψ en phylogenèse

L'hypothèse de l'interaction organisme/champ ψ suggère que les organismes sont « in-formés » conformément à la morphologie de leur espèce. Il est important de remarquer que cette « in-formation » doit aussi inclure le schéma dynamique spatio-temporel des *ensembles* dans lesquels les organismes sont intégrés. De même que la première proposition est nécessaire pour tenter d'élucider les paradoxes de l'ontogenèse, de même la seconde sera essentielle pour parvenir à comprendre les énigmes de la phylogenèse : l'évolution des espèces.

Le schéma d'interférence d'onde conservé dans le champ ψ peut inclure davantage que la transformée de Fourier de la configuration spatio-temporelle stéréodynamique des organismes individuels : le schéma est pluridimensionnel, il peut donc enregistrer l'interférence d'un grand nombre de fronts d'ondes différents. Des fronts d'ondes individuels correspondent à des configurations stéréodynamiques d'énergie-matière à divers niveaux d'organisation — par exemple des atomes, des molécules et même des systèmes écologiques formés par les organismes. En fait, l'élément du schéma correspondant à un organisme individuel doit inclure le schéma de la configuration des cellules de l'organisme, et des molécules à l'intérieur des cellules, et des atomes à l'intérieur des molécules. Il n'y a pas de raison pour que la totalité du schéma spécifique à un organisme n'inclue pas également des configurations qui se projettent « vers le haut » : les configurations stéréodynamiques des populations, des sociétés et des systèmes écologiques dont fait partie l'organisme.

A l'évidence, les organismes ne peuvent pas être sensibles à tous les éléments de ce schéma complexe. En ce qui concerne les éléments du schéma qui tendent vers le haut, les organismes individuels représentent seulement des parties accessoires : les éléments supérieurs du schéma ne peuvent pas les affecter entièrement. Toutefois, les organismes individuels peuvent être sensibles à certains aspects des schémas qui encodent les configurations stéréodynamiques de leurs populations et de leurs systèmes écologiques : ils en sont, après tout, les composants. Effectivement, certains éléments de la morphologie et du comportement des individus ont un rapport direct avec l'état et l'évolution de ces systèmes plus vastes. Le cas exemplaire est celui de la mutation : la variation des espèces en évolution.

Les mutations constituent dans le monde biologique un lien direct entre les organismes individuels et les espèces dans leur totalité. C'est le génotype d'une espèce qui est porteur de la mutation, mais ce sont les individus composant cette espèce qui mettent les mutants au monde. En les mettant au monde et en les exposant à l'épreuve de la sélection naturelle, les membres d'une espèce créent le mécanisme de la « spéciation » : le processus qui, au niveau de l'espèce, modifie le génotype.

Or notre hypothèse est que le processus de mutation — c'est-à-dire la variabilité du génome individuel — n'est pas entièrement aléatoire : il est influencé par ce qui se produit dans l'environnement de l'individu. En soi, le lien entre l'environnement et la variabilité du génome est bien établi : l'expérimentation a montré que le taux et la nature des mutations sont affectés par différentes sortes de radiations qui atteignent l'organisme, et aussi par certaines altérations biochimiques catalysées dans l'organisme. Bien que le darwinisme classique n'en ait rien su, il y a un lien causal bien défini entre l'environnement et le génome. Mais, en général, on n'admet pas que ce lien puisse s'étendre au-delà de l'environnement immédiat de l'organisme jusqu'au champ dans lequel celui-ci est enchâssé. Pourtant, un feedback d'information subtil transmis par l'intermédiaire d'un tel lien pourrait produire une déviation de la variabilité du génome permettant d'atteindre une probabilité plus forte que dans un processus livré au seul hasard en ce qui concerne la production de mutants adaptés à leur environnement.

L'existence d'un tel « guidage » résout un problème qui, pendant plus d'un siècle, a entravé la biologie évolutionniste. C'est le problème de la téléologie : comment la nature pourrait-elle produire des systèmes de plus en plus complexes et ordonnés sans avoir à sa disposition, dès l'origine, un plan, une ébauche qui la guide ? Les biologistes rejettent toutes les variétés de « causes finales » qui orienteraient le processus, y compris les entéléchies proposées au siècle dernier par Hans Driesch. Mais la science contemporaine n'avait rien à proposer à la place — le concept dominant de processus aléatoires, comme nous l'avons déjà fait remarquer, pourrait expliquer la divergence, mais non la convergence dans les processus d'évolution.

On peut surmonter cette difficulté en ayant recours au concept de guidage ψ. L'efficacité générale d'un tel guidage a été illustrée par l'exemple de Hoyle, et sa capacité d'expliquer en particulier le déroulement manifeste de l'évolution biologique peut être mise en évidence par une autre métaphore, suggérée cette fois-ci par John Wheeler.

Wheeler formula une nouvelle variante du jeu de société connu comme le jeu des « Vingt questions ». Quelqu'un quitte la pièce tandis que les autres joueurs choisissent ensemble un objet ou une personne que celui qui est sorti devra deviner. Pour ce faire, ce dernier pose des questions dont la réponse ne peut être que oui ou non. Les joueurs chevronnés commencent par des questions d'ordre général, du type : « Est-ce un animal ? » ou « Est-ce un légume ? », puis ils posent des questions plus précises, comme : « C'est plus gros qu'un éléphant ? », avant de lancer la dernière question : « C'est le réverbère qui est au coin de la rue ? »

C'est un jeu tout à fait téléologique, puisque le résultat final, ce que le joueur doit deviner, est déjà connu : il s'agit de la personne, de l'endroit ou de l'objet que les autres ont choisis ensemble. Il y a des tâtonnements et des erreurs, mais uniquement dans le but de parvenir à une fin préétablie. La variante du jeu suggérée par Wheeler (bien que ce soit dans un autre contexte) est quelque peu différente, car dans cette variante, on a affaire à un complot : il n'y a rien à deviner, mais le joueur ne le sait pas. Il ou elle va essayer de deviner quelque chose quand même. S'il n'y avait pas d'autres règles à ce jeu, il serait tout à fait aléatoire, et le joueur serait dans la confusion la plus totale. Mais il y a une règle : chaque réponse doit s'accorder logiquement avec les précédentes. (Par exemple, si la réponse à la première question : « C'est un animal ? » est « oui », rien ensuite ne doit venir contredire cette possibilité.) Comme les questions vont du général au particulier, les réponses permises deviennent de plus en plus limitées. Il peut arriver que le joueur aboutisse en fin de compte à une dernière question à laquelle les conspirateurs, tenus par l'obligation de respecter la logique, sont obligés de répondre « oui ». De cette façon, personne ne connaît à l'avance le résultat du jeu. En fait, le jeu engendre sa propre fin.

Cette version modifiée du jeu progresse en direction d'un objectif engendré au cours même du jeu. C'est une méthode par tâtonnement, mais elle n'est pas téléologique. Si ce genre de processus se trouvait dans la nature, les biologistes évolutionnistes seraient satisfaits. Il y aurait tâtonnements, progrès dans une direction identifiable, mais absence totale de fin préalablement déterminée. De façon significative, le facteur qui permet qu'un jeu sans fin prédéterminée aille dans une direction identifiable est la règle que chaque réponse soit compatible avec toutes les réponses précédentes. Ceci, toutefois, implique que l'on se souvienne de toutes ces réponses et que ce qu'elles signifient va influencer les réponses suivantes. Ce facteur de feedback d'information est le facteur critique du jeu.

L'hypothèse DSQ suggère que ce genre de processus se produit effectivement dans la nature ; et, plus spécifiquement, qu'il se produit au cours de l'évolution phylogénétique. Ici, le feedback d'information transmis par l'intermédiaire de la structure fine du champ sub-quantique rend le déploiement du processus compatible avec son passé.

Cependant, un feedback d'information uniquement à propos de la structure génétique préétablie d'une espèce serait insuffisant pour expliquer les énigmes de la phylogenèse. Si les mutations sont quelque chose d'analogue à des fautes de frappe dans la transcription du code génétique transmis par les parents à leur descendance, un feedback d'information génétique ne servirait qu'à éliminer, ou réduire, les erreurs. Il doit y avoir davantage que cela dans le guidage opéré par le champ sub-quantique : l'information qu'il transmet doit aussi englober l'ensemble des relations qui lient l'organisme à son environnement. Une « in-formation » survenant chez des espèces mutantes par l'intermédiaire de leurs relations écologiques pourrait produire une modification, minime mais cruciale, de la distribution probable des mutants qui en résulteraient. Cette modification favoriserait la création effective de mutants relativement bien adaptés à leur propre milieu écologique.

L'existence d'une telle modification est en fait très plausible. Les biologistes admettent à présent qu'une production entièrement aléatoire de mutants n'expliquerait pas le cours de l'évolution tel qu'on l'observe. La théorie de Darwin pourrait renoncer à avoir recours aux déités et aux forces vitales pour expliquer la diversité des espèces organiques, mais le concept selon lequel la sélection naturelle agirait sur les mutations aléatoires ne constitue pas une explication suffisante du cours de l'évolution dans son ensemble. Le darwinisme ne peut rendre compte que des changements relativement mineurs de l'évolution : variations des proportions de certains phalènes dans leur forme normale ou mélanique, persistance de la drépanocytose (ou anémie falciforme) dans les régions infestées par le paludisme, ou bien la résistance aux pesticides. Mais les événements réellement significatifs de l'évolution, comme l'apparition d'espèces nouvelles, ne peuvent s'expliquer par une analogie avec les mécanismes produisant les changements mineurs. La macro-évolution est bien quelque chose de plus que la somme des modifications de la micro-évolution. D'une part, on constate d'après les fossiles que l'évolution ne se fait pas de manière régulière et continue ; ainsi, une accumulation de modifications mineures ne peut pas aboutir à des innovations majeures. D'autre part, de nouvelles espèces ne peuvent apparaître par suite de modifications mineures d'anciennes espèces : la plupart des étapes intermédiaires produiraient des organismes insuffisamment adaptés que la sélection naturelle éliminerait. Pour que l'évolution biologique puisse avoir lieu, nous devons supposer que la sélection naturelle n'est pas, comme les tenants du darwinisme et même du néodarwinisme ont coutume de l'affirmer, un principe tout-puissant[1].

Les variations aléatoires du capital génétique d'une espèce, même soumises à l'action de la sélection naturelle, ne peuvent expliquer les faits : le terrain de recherche dans le génome est trop vaste, et les sauts entre espèces trop importants. Si les espèces produisent des variantes qui aboutissent à des espèces entièrement nouvelles, c'est grâce à des innovations massives et non pas à pas, par petites étapes. La sélection naturelle peut agir sur des mutants qui présentent à la suite de mutations coordonnées des traits absolument nouveaux — à condition que ces mutants soient effectivement produits. Le fait qu'ils soient réellement produits ne s'explique pas par des petites variations aléatoires du capital génétique.

L'hypothèse de l'interaction entre les populations d'organismes et le champ sub-quantique introduit la diminution requise du caractère aléatoire de la variation. Au sein des populations intégrées dans leur niche, le feedback d'information venu du champ sub-quantique réduit la variabilité du génome pour produire des mutants compatibles avec l'environnement dans lequel l'espèce est intégrée. L'effet ψ peut aussi résoudre l'énigme concernant la façon dont les espèces s'adaptent à des niches qu'elles n'occupaient pas jusqu'alors. Dans le langage du « paysage adaptatif » cité dans le chapitre 5, l'espèce peut « descendre » une pente où elle s'était adaptée mais d'où les conditions favorables ont disparu ; elle peut s'engager dans une vallée en direction d'une pente ascendante parce qu'elle est guidée par le feedback d'information qui concerne le paysage tout entier avec ses multiples pics et vallées. La complexité d'un tel schéma d'interférences ne constitue pas un problème : elle peut être pluridimensionnelle.

Le parcours dans les vallées des paysages adaptatifs en direction des pics nouveaux ne constitue pas une « préadaptation » — c'est plutôt un exemple du guidage obtenu de l'environnement par l'intermédiaire du champ ψ*.

---

* A première vue, l'idée que l'environnement puisse influencer les organismes qui y vivent semble faire appel à ce que l'on considère souvent comme une causalité « à rebours » ou « descendante ». D'ordinaire, on considère que les influences causales procèdent de façon « ascendante », des parties vers le tout. Par exemple, les macromolécules agissent sur les cellules qu'elles forment, et les cellules agissent sur l'organisme pluricellulaire que constitue leur assemblage. Les organismes eux-mêmes agissent sur la population ou le système écologique dont ils font partie, car ils s'y nourrissent, s'y accouplent et y appliquent des stratégies de survie. Cependant, la façon dont la causalité pourrait procéder « à rebours », du tout aux parties, semble mystérieuse : hormis les organismes, dont les parties sont liées par des chaînes biochimiques complexes, qu'est-ce qui pourrait transporter l'effet de causalité orienté à rebours ?

En fait, la seule causalité du tout aux parties qui ait été généralement admise est celle qui relie l'organisme à ses propres molécules, cellules et organes. Dès les années 1950, Michael Polanyi suggérait que, dans le monde biologique, les niveaux élevés d'organisation sont non seulement déterminés par les niveaux inférieurs, mais qu'ils exercent aussi un contrôle réciproque en fixant les « conditions limites » à l'intérieur desquelles les unités des niveaux inférieurs interagissent[2]. Dans les sciences de la vie, ce genre de causalité a généralement tendance à être de mieux en mieux admis. Dans les années 70, Campbell introduisit l'expression « causalité à rebours » pour décrire ce phénomène, et le concept s'est vulgarisé lorsque Popper et Eccles l'employèrent dans leur ouvrage, célèbre bien que controversé, sur l'interaction entre l'esprit et le cerveau[3].

Roger Sperry, qui consacre sa recherche au cerveau, est allé plus loin que Polanyi : il n'hésite pas à parler d'« interaction émergente » là où les « phénomènes de niveau élevé se déplacent physiquement, contrôlent la répartition du temps et, à part cela, déterminent directement et activement les principales trajectoires de l'espace-temps, la répartition et le devenir des composants de niveau inférieur »[4]. D'après Sperry, « les forces et les lois atomiques, moléculaires et cellulaires sont remplacées par les forces de configuration des mécanismes de niveau élevé. Au sommet, dans le cerveau humain, elles incluent les pouvoirs de perception, de cognition, de raison, de jugement et d'autres facultés du même genre, dont les effets et les forces de causalité agissent avec autant ou davantage de puissance dans la dynamique du cerveau que ne le font les forces chimiques qui, en l'occurrence, se trouvent dépassées ». Les forces de niveau élevé n'interrompent pas les relations de causalité des composants de niveau inférieur, mais elles « interviennent » d'une

Une nouvelle vision de la vie

Lorsque nous sommes entrés dans le monde quantique, nous avons dû inverser la vision que nous avions de la réalité quotidienne : nous avons dû affronter la possibilité que l'espace soit primordial et que les corps ne soient qu'accessoires. Admettre cette inversion exigeait un effort d'imagination considérable. A présent que nous allons vers le domaine plus familier de la vie, l'effort qui nous est demandé est moins important. Toutefois, l'image normale que nous avons de l'organisme vivant doit subir certains changements.

L'hypothèse DSQ suggère que, même si les organismes ne sont pas connectés de façon aussi directe que le sont les quanta, ce ne sont pas des unités discrètes. Les connexions avec le champ sub-quantique les transforment : d'individus enfermés dans un sac de peau, ils deviennent des entités reliés entre elles, participant à un vaste réseau de relations qui transcende les limites conventionnelles de l'espace et du temps.

En termes plus précis, les organismes individuels sont des configurations stéréodynamiques localisées, faites d'énergie-matière, en contact constant avec les schémas spectraux du champ ψ. Un insecte, un arbre, de même qu'un être humain, est sans cesse « in-formé » par un champ ambiant — non pas seulement un biochamp local, mais le champ sub-quantique hautement modulé du cosmos.

Pour illustrer l'interaction qui se produit entre l'organisme et le champ ψ, nous pouvons choisir une image qui a été

---

manière qui laisse ces interactions intactes. Les unités de niveaux inférieurs se trouvent incluses, enveloppées, et sont donc déplacées et transportées par la dynamique du système dans son ensemble[5]. Dans le point de vue adopté ici, c'est ce qui se produit non seulement dans les relations entre les cellules cérébrales et l'ensemble du cerveau, mais aussi dans les relations entre les organismes et les écosystèmes grâce au champ ψ qui les entoure.

souvent utilisée dans la philosophie orientale, et qui considère l'organisme comme un corps vibrant. Dans cette image, les vibrations émanant de l'organisme interagissent avec les vibrations du champ environnant. L'organisme est ainsi constamment « accordé » avec les vibrations du champ, de sorte que champ et organisme vibrent à l'unisson. Pour reprendre l'expression de Sheldrake, la « résonance morphique » renforce la conformité des organismes vivants au prototype de leur propre espèce.

Cependant, cette image est une analogie et ne doit pas être prise au pied de la lettre. Un processus de translation holographique est plus détaillé et plus précis que ne l'est une mise en résonance de vibrations. Il peut aussi susciter un progrès réel dans le processus évolutif, au lieu de simplement renforcer ce qui s'est déjà produit. Comme le feedback d'information issu du champ ψ est pluridimensionnel, il n'y a pas seulement une probabilité accrue que des structures organiques existantes réapparaissent, mais l'éventualité existe aussi que les nouveaux organismes évoluent en corrélation avec leur milieu. Grâce à l'effet ψ, les morphologies des organismes sont constamment « accordées » pour réagir de façon cohérente avec la structure dynamique des populations et des systèmes écologiques qui les englobent. Le « paysage adaptatif » s'harmonise avec ses plaines, ses pics et ses vallées.

Les interactions à plusieurs niveaux qui se produisent entre les organismes, les populations et les écosystèmes aident à résoudre un problème frustrant en biologie, celui du dilemme du hasard opposé au déterminisme. Comme nous l'avons déjà fait remarquer, la probabilité est très faible pour que les processus qui se fondent entièrement sur le hasard puissent atteindre un sous-ensemble viable dans le nombre infiniment grand des combinaisons atomiques et moléculaires qui sont possibles dans les systèmes organiques. D'un autre côté, si le recours à des « plans de construction » ou à des « schémas directeurs psychiques » suggère l'existence d'un dessein prédéterminé qui orienterait les processus observés dans la nature, cette notion est scientifiquement inacceptable. Toutefois, l'autre terme de l'alternative concernant le hasard n'est pas la prédétermination mais le guidage par un schéma dynamique du paysage adaptatif lui-même.

Sir Alistair Hardy se demandait si les individus d'une espèce donnée ne seraient pas tous régis par un « schéma directeur psychique ». Cependant le schéma engendré par le processus évolutif est plus complexe que cela : il est pluridimensionnel, et par conséquent il est commun non seulement aux individus d'une espèce donnée mais aussi à l'espèce et à l'environnement dans lequel elle se trouve ; et puisque cet environnement inclut aussi d'autres espèces, il est également commun à différentes espèces. Ce schéma complexe in-forme le processus d'évolution à de nombreux niveaux à la fois : le feedback d'information venu du champ ψ introduit l'ordre et la cohérence à travers tous les domaines de la nature.

CHAPITRE 14

La DSQ des sciences cognitives

Après avoir exploré le monde étrange des quanta et les phénomènes subtils du domaine vivant, nous allons à présent pénétrer dans un royaume peut-être encore plus fascinant · le monde de la conscience humaine.

La question qui se pose immédiatement est celle de savoir si nous pouvons réellement percevoir un élément ou un aspect quelconque du champ sub-quantique. Quand on constate que les quanta aussi bien que les organismes sont affectés par l'information issue de ce champ, il semble à peine croyable que l'esprit humain n'y soit pas sensible lui aussi. Mais la question est complexe, et nous devons faire preuve de prudence*.

La perspective que le cerveau (et par conséquent notre conscience) soit capable de « lire » le champ ψ, aspect effectif du champ sub-quantique, est prometteuse. Mais pour que nos recherches n'aboutissent pas à de la spéculation pure, nous devons faire preuve de méthode. Notre première

----

* Nous traiterons la conscience et le cerveau comme deux aspects de la même réalité. Les deux aspects sont partiellement mais pas totalement en corrélation : certains processus qui se produisent dans le cerveau ne pénètrent pas jusqu'à la conscience, tandis que beaucoup d'éléments de la conscience n'ont encore pu être expliqués en fonction de processus cérébraux. Pour de plus amples détails, voir, du même auteur, *Introduction to Systems Philosophy*, New York et Londres : Gordon & Breach Science Publishers, 1972 ; Harper Torch Books, 1973.

tâche consiste à essayer de préciser de quelle façon notre cerveau pourrait recevoir des signaux émis par ce champ. N'est-il pas vrai que tout ce que nous percevons doit nous parvenir par l'intermédiaire de nos sens ? C'est ce que nous enseigne la philosophie classique et son empirisme, et notre bon sens d'Occidentaux admet parfaitement cela.

Il est néanmoins possible que ni l'empirisme ni le bon sens ne soient les détenteurs de la vérité absolue. Le cerveau est l'organe clé de notre relation avec le monde extérieur, mais cela n'implique pas forcément que cette relation se limite aux données transmises par nos organes sensoriels. Afin d'étudier les possibilités d'une « perception ψ » — c'est-à-dire essentiellement extra-sensorielle — nous devons commencer par dresser l'inventaire de nos connaissances actuelles en matière de perception classique — autrement dit, sensorielle.

La perception sensorielle

Les recherches menées à notre époque dans le domaine de la neurophysiologie révèlent qu'à la naissance, la conscience d'un être humain n'est pas une cire vierge sur laquelle l'expérience sensorielle inscrit une représentation de la réalité. La conscience (ou plus exactement la conscience et le cerveau) ressemble davantage à un sculpteur doué d'imagination qu'à une cire vierge. Le sculpteur crée une statue à partir d'un bloc de pierre ; de même, l'esprit humain construit sa réalité à partir d'une masse de données qui lui parviennent par l'intermédiaire de ses organes sensoriels (et peut-être d'autres). La perception est un processus créatif ; sa portée est beaucoup plus vaste qu'on ne le croit d'ordinaire.

Les neurophysiologistes ont été surpris de découvrir que le cerveau engendre lui-même une bonne partie de l'information impliquée dans la perception sensorielle. En fait, le cerveau fournit une plus grande part de cette information que ne le font les organes sensoriels. Par exemple, les stimuli transmis par l'intermédiaire de l'œil atteignent la partie du thalamus appelée noyau du corps genouillé externe. On trouve à cet endroit plus de quatre-vingts fibres nerveuses issues du reste du cerveau pour chacune des fibres transmettant les signaux venus de l'œil. Et les aires du cortex où l'information visuelle est traitée contiennent plusieurs centaines de fois plus de neurones que celles qui sont connectées avec le noyau du corps genouillé externe. Ces aires corticales sont directement reliées au système limbique et ont des connexions additionnelles avec les aires motrices responsables des mouvements et de l'accommodation oculaires. Ainsi, le cerveau fait plus que recevoir passivement l'information transmise par les yeux, les oreilles et autres récepteurs externes : il intègre l'information qui lui parvient avec celle qu'il possède déjà, et ajuste les récepteurs conformément à cette intégration.

Même l'oreille, longtemps considérée comme un récepteur passif des ondes sonores transmises par l'air, se révèle capable d'interpréter des signaux extrêmement complexes. Un processus linéaire et passif ne peut expliquer le pouvoir discriminatoire de l'oreille, capable de sélectionner les fréquences jusqu'au niveau atomique. La membrane basilaire ne peut être un système vibratoire passif, comme un microphone réagissant à un signal sonore ; il y a des mécanismes additionnels qui affinent suffisamment les schémas des excitations sonores pour qu'elles puissent être discriminées. L'oreille réagit comme un résonateur passif avec les signaux à haute fréquence, alors qu'aux niveaux de basse fréquence, elle « capte » les signaux en émettant une vibration qui lui est propre. Il en résulte que le mécanisme de la perception auditive est une interaction entre les signaux produits par l'oreille et les signaux qui lui parviennent de l'extérieur. Entendre est le résultat de l'analyse de la coïncidence des phases entre des oscillateurs externe et interne[1].

L'oreille, plutôt qu'un organe d'enregistrement passif des

signaux, se révèle être en fait un organe actif qui émet des signaux et analyse l'interaction des signaux émis et reçus. Son seuil de discrimination est étonnamment élevé : l'oreille interne amplifie des vibrations mécaniques inférieures au diamètre d'un atome d'hydrogène et les transforme en réponses par oui ou par non. Il en résulte que, changée en vibration de la membrane basilaire, l'amplitude incroyablement faible de 10^{-11} mètres peut produire une sensation.

Bien que l'œil n'émette pas ses propres ondes lumineuses, il est cependant lui aussi un système d'interprétation actif possédant une capacité de discrimination des signaux allant jusqu'aux ensembles de photons. Les fonctions d'interprétation de l'œil sont d'autant plus remarquables que l'énergie radiante qui atteint la rétine n'est pas organisée en images toutes faites. Le « spectre » optique est littéralement « diffusé », largement étalé comme les ondes radio dans le spectre électromagnétique. Il faut un instrument perfectionné pour intégrer ce spectre en schémas cohérents. Les centres cérébraux de la vision accomplissent ce tour de force : ils fonctionnent comme des récepteurs de radio ou de télévision qui décodent le spectre de la lumière capté par l'œil.

Les régions du cortex responsables de la perception visuelle traitent les signaux lumineux qui leur parviennent en les soumettant à une analyse de Fourier et décodent leurs éléments en ondes de fréquence et d'amplitude spécifiques. Les neurones des aires visuelles réagissent à ces ondes bien définies et non aux changements d'intensité lumineuse qui s'accorderaient avec les contours des objets. La démonstration est convaincante : les psychologues Russell et Karen DeValois ont montré à plusieurs reprises que les neurones des aires visuelles sont plus facilement activés lorsqu'ils sont stimulés par des schémas correspondant aux orientations des transformations de Fourier du spectre optique. Ces chercheurs ont utilisé des damiers et des tissus écossais pour stimuler le système visuel, et ils ont découvert que les neurones réagissent beaucoup plus aux transformations de

Fourier des schémas, et moins à l'orientation des lignes. Ils ont remarqué que la réaction des neurones n'est pas très importante lorsqu'elle est décrite par l'orientation de lignes passant dans le champ visuel des sujets, alors qu'elle augmente notablement lorsqu'elle est décrite en fonction de l'orientation et de la fréquence spatiale d'une grille qu'on leur présente[2].

D'après Karl Pribram, ces découvertes suggèrent que notre système visuel opère de façon similaire à celle des hologrammes. Dans les dernières décennies Pribram a développé une théorie hautement sophistiquée du champ quantique du cerveau. Comme il le souligne, ces recherches ont montré que la meilleure description mathématique de certains processus du cerveau se trouve dans une analogie avec les hologrammes. Dans celle-ci la surface holographique est constituée d'un ensemble d'hologrammes orientés dans l'espace les uns par rapport aux autres. La description d'un tel processus est holonomique (démontre une logique holistique) plutôt que globalement holographique.

Cette théorie montre que les hologrammes présents dans les processus cérébraux sont composés par la connexion successive d'images sensorielles en représentations spectrales et par le rassemblement de ces micro-représentations en un arrangement spatialement ordonné qui correspond à l'ordre temporel original de ces images successives. Dans le domaine spectral l'information devient à la fois distribuée sur l'étendue de chacun des champs récepteurs holographiques et enlacée avec celui-ci. Il en résulte que la reconstruction des images sensorielles peut se faire à partir de n'importe quel fragment à l'intérieur de la totalité du champ de perception. Celui-ci a donc un aspect holistique.

De même qu'un système holographique convertit un mélange désordonné de lignes d'interférences sur une plaque holographique en une image stéréoscopique ordonnée, les dendrites décodent l'information distribuée dans le spectre optique, et ce dans les représentations tridimensionnelles des objets et événements familiers. Ainsi, lorsque nous ouvrons les yeux, nous ne percevons pas des schémas lumineux diffus mais les objets qui font partie de la réalité quotidienne.

Percevoir par l'intermédiaire d'un système de récepteurs regroupés signifie que, dans le cerveau, une image se forme plus ou moins comme à l'intérieur de l'œil d'un insecte : à partir d'éléments composites transmis par l'intermédiaire de divers récepteurs individuels. Bien que ce système fonctionne comme une mosaïque, il est capable de produire la perception d'un mouvement : une impression de continuité dans le mouvement peut être transmise lorsque des changements interviennent dans les schémas perçus et passent par les récepteurs individuels. La sensation du mouvement découle du comportement du système dans son ensemble. (A cet égard, le fonctionnement du cerveau holonomique peut aussi être assimilé et comparé à la perception d'une enseigne électrique composée de plusieurs ampoules. Chaque ampoule ne peut être qu'allumée ou éteinte, mais l'enseigne transmet une information non pas grâce à l'état particulier de chaque ampoule considérée individuellement, mais grâce à l'ensemble que forment toutes les ampoules.)

Toutes ces métaphores mettent en lumière un facteur essentiel. Contrairement aux théories qui se fondent sur l'existence d'un réseau localisé dont les mailles seraient les synapses, la théorie holonomique de la perception cérébrale montre que ce qui est perçu dépend du schéma d'ensemble de l'information, et non de l'action de neurones isolés ou de groupes de neurones. Comme le fait remarquer Pribram, peu importe quels récepteurs holographiques précis sont stimulés ; le système réagit comme une fonction du *contenu* du stimulus, et non de sa *localisation*[3].

Cela signifie que l'information est distribuée dans de nombreuses aires cérébrales et est décodée par un système de récepteurs groupés. C'est pourquoi le cerveau s'« accorde » avec les signaux qui lui parviennent plutôt qu'il ne les « reflète » ou ne les « photographie ». La même idée était exprimée par J. J. Gibson, quand il disait qu'au lieu de supposer que le cerveau « construit » l'information à partir des données transmises par un nerf sensitif, nous devrions plutôt émettre l'hypothèse que les centres nerveux sont « en résonance » avec l'information[4].

La perception ψ

Nous avons vu que, si la conception neurophysiologique actuelle est correcte, lorsque nous percevons le monde qui nous entoure, notre cerveau effectue des analyses complexes des signaux qui lui parviennent sous forme d'impulsions nerveuses. L'empirisme classique nous enseigne qu'à l'exception des états physiologiques, les signaux que traite notre cerveau se limitent à des impulsions transmises par nos cinq sens à partir du monde extérieur. Mais peut-être le cerveau n'est-il pas aussi limité. Nous savons que le monde extérieur inclut davantage que des radiations électromagnétiques transmettant des signaux lumineux, des ondes transmettant des signaux sonores, des gradients chimiques transmettant des odeurs et des goûts, des gradients physiques produisant des sensations tactiles ; il inclut aussi un champ sub-quantique interactif. Le corps est immergé dans le champ sub-quantique et nous supposons que le cerveau peut traiter certains signaux provenant de ce champ.

Les conditions *physiques* nécessaires à la perception des signaux venant du champ ψ sont réunies : l'organisme dans son ensemble est enchâssé dans le champ sub-quantique, et les centres supérieurs du cerveau sont en permanence en état de chaos. En outre, la sensibilité du cerveau aux variations des signaux perçus va jusqu'au niveau quantique. Mais qu'en est-il des conditions *physiologiques* ? Existe-t-il des aires spécifiques de l'écorce cérébrale, des récepteurs qui seraient particulièrement et spécifiquement destinés à recueillir et enregistrer les schémas ondulatoires holographiques ?

A l'évidence, si l'on n'a pas encore eu la possibilité de

procéder à des expériences pour étudier cela, il y a des indications importantes sur la direction dans laquelle doivent se poursuivre les recherches. Le domaine auquel elles appartiennent est celui de la base neurologique des expériences « ésotériques ». Reléguées autrefois dans la parapsychologie, ces expériences attirent désormais l'attention des psychologistes et des neurophysiologistes. Pribram, par exemple, affirme explicitement que le contenu de la conscience n'est décrit de façon exhaustive ni par les sentiments formant la base de la conscience épisodique et narrative, ni par ceux de la conscience corporelle et extra-corporelle. Les traditions ésotériques de la culture occidentale et les traditions mystiques de l'Extrême-Orient abondent en exemples d'états de conscience modifiés ayant des contenus très inhabituels. Et la manière dont le cerveau traite ces états semble différente de celle employée pour la réflexion et la perception habituelles.

Pribram rend compte de ce qu'il appelle « le contenu spirituel de la conscience » par l'effet de l'excitation du cerveau fronto-limbique sur les microsites dendritiques qui caractérisent les champs récepteurs corticaux. Dans sa théorie holonomique, l'organisation d'ensemble, aussi bien que la micro-organisation des neurones corticaux, ressemble à celle d'un hologramme. Dans la perception ordinaire une distribution gaussienne exerce une contrainte sur les transformées de Fourier qui seraient, sans elle, illimitées. Les expériences de Pribram ont montré que l'excitation électrique des structures limbiques et frontales permet de desserrer ces contraintes gaussiennes.

Pendant les périodes d'excitation ordinaire du système fronto-limbique ces processus sont à la base de la conscience narrative. Cependant, quand l'excitation fronto-limbique devient prépondérante, la conscience semble être dominée par des processus holographiques qui échappent à toute contrainte. L'expérience « ésotérique » en est l'un des résultats. Une sensation sans temps, sans espace et sans cause, une sensation « océanique ». D'après Pribram, dans ces états d'excitation le système nerveux se met en résonance avec l'ordre holographique de l'univers[5].

La question qui se pose, c'est de savoir si cette résonance pourrait consister en la transmission effective à la conscience de l'information codée dans le champ ψ.

Les faits observés sont la corrélation de certains états cérébraux avec des types d'expériences dont l'origine ne se trouve pas dans les perceptions sensorielles. Ces faits ne révèlent pas si l'expérience corrélée avec un état particulier du cerveau est *produite* ou *transmise* par celui-ci. Si cette dernière possibilité existe, cela pourrait être le cas en ce qui concerne les formations fronto-limbiques. En effet, certains états de méditation profonde et de concentration intense — états connus pour être corrélés avec des contenus inhabituels de la conscience — correspondent à une activité intense de ces zones du cerveau. Comme nous le verrons plus loin, certains éléments de ces expériences ne peuvent pas être imputés uniquement au travail du cerveau surexcité du sujet.

L'hypothèse DSQ suppose que le cerveau, plongé comme il l'est dans le champ sub-quantique, est capable de recevoir et de transmettre à la conscience l'information qui est codée dans ce champ. Cette information est la transformée spectrale des configurations spatio-temporelles des quanta de matière et d'énergie. Indépendamment de la région particulière du cerveau qui décode cette information holographique, sa réception et sa transmission constituent ce que nous appellerons « la perception ψ »*.

---

* Il existe une comparaison simple avec ce processus apparemment complexe de la perception ψ : c'est la réception TV. Dans notre civilisation technologique moderne, le spectre électromagnétique comprend une très grande quantité d'ondes, mais nous ne les percevons pas toutes directement, loin de là : nous ne percevons que celles qui font partie du spectre visible. Pour percevoir les ondes à haute fréquence émises par les émetteurs de télévision, il nous faut être équipés d'un appareillage spécial. La plupart d'entre nous en possèdent un, et nous pouvons donc, chaque fois que nous mettons notre récepteur de télévision en marche, percevoir l'image et le son qui sont les équivalents de ces ondes. Notre dispositif électromagnétique transmetteur d'ondes a deux composants

Étant un système holonomique avec des aires dans un état de chaos quasi permanent, le cerveau est très probablement capable de recevoir et d'analyser des signaux émis par le champ sub-quantique. Si tel est bien le cas, le résultat de cette analyse devrait se manifester dans notre conscience. Mais est-ce ce qui se produit en fait ? Et, sinon, pourquoi n'en est-il pas ainsi ?

Il se peut que la réponse soit étonnamment simple : peut-être percevons-nous des signaux provenant du champ ψ, mais, du moins lors des états de conscience ordinaires, nous ignorons que nous recevons ces signaux. Il y a beaucoup d'exemples où nous entendons, sentons ou touchons quelque chose, alors qu'en fait notre esprit conscient n'a pas enregistré cette sensation ; il y a de nombreuses énergies qui signalent à notre système nerveux des données dont nous n'avons pas une connaissance consciente. Il existe des ondes électromagnétiques à très basse fréquence émises par les appareils de télévision, les écrans ou moniteurs des ordinateurs, les transformateurs électriques, les lignes à haute tension et divers dispositifs électriques et électroniques ; la médecine moderne commence tout juste à constater leurs effets sur le cerveau et le système nerveux. Les tests de laboratoire montrent qu'il existe des ondes encore plus subtiles qui agissent sur nos cellules nerveuses, y compris les ondes « scalaires », irrégulières et non-linéaires, découvertes par Nicola Tesla au début du siècle. Nous ne nous

---

de base : une antenne et un récepteur. La première capte certaines longueurs d'onde comprises entre des valeurs données et les convertit en signaux électriques ; le second transforme les signaux en images et en sons.

En ce qui concerne la lumière visible, notre « antenne », c'est l'œil ; le « récepteur », ce sont les centres visuels du cerveau ; de même que, pour les sons audibles, notre antenne, c'est l'oreille, et le récepteur, ce sont les aires auditives du cerveau. Dans le cas des signaux émis par le champ sub-quantique, la situation est quelque peu différente : ici, le récepteur n'a pas besoin d'une antenne indépendante. Le cerveau est directement plongé dans le (ou plus exactement, il fait partie intégrante du) champ ψ au sein duquel les ondes se propagent ; il en résulte que la réception est immédiate et directe.

rendons pas compte que nous recevons des ondes électromagnétiques à très basse fréquence ou des ondes scalaires, mais elles n'en exercent pas moins une influence sur notre système nerveux. D'autre part, bien que nous percevions consciemment les rayons lumineux, cette conscience que nous en avons ne nous révèle pas qu'il s'agit d'ondes appartenant au spectre électromagnétique.

Les signaux analysés par notre cerveau ne portent pas d'indication de leur origine. Si les signaux holographiques entrants dépassaient le système optique sensoriel et atteignaient directement la région corticale où les signaux visuels sont normalement traités, ils seraient décodés comme des objets situés dans l'espace où sont perçues les images sans qu'intervienne leur origine. La façon dont le cerveau traite les signaux qui lui parviennent serait la même, que les signaux soient transmis par l'intermédiaire du champ électromagnétique, de l'air, ou du champ sub-quantique.

En conséquence, il est tout à fait possible que certains des signaux traités par notre cerveau proviennent du champ ψ, même si notre conscience ne connaît pas leur origine.

Il est probable que, si la logique de notre conscience en état d'éveil ordinaire ne supprimait pas certaines des données issues de ce champ, nous aurions des perceptions extrasensorielles plus fréquentes. Qu'une telle perception se produise dans des états de conscience modifiés est démontré non seulement par l'expérience séculaire des yogis et des mystiques, mais aussi par de nouvelles perspectives en matière de psychologie et de physiologie. Comme nous l'avons évoqué, au cours des états de conscience modifiés, les formations fronto-limbiques du cortex, dont on pense qu'elles pourraient être les décodeurs spécialisés des fréquences holographiques, sont fortement stimulées. Les états de conscience modifiés suppriment aussi la fonction de censure qui est celle de l'hémisphère cérébral gauche, lequel, lorsqu'il est dominant, tend à écarter ou à occulter toute information paradoxale.

Mais, que nous en soyons ou non pleinement conscients,

notre cerveau pourrait fort bien recevoir des informations par l'intermédiaire du champ ψ. Le mécanisme de réception est décrit par l'hypothèse DSQ. La relation du cerveau humain au champ sub-quantique constitue un cas particulier de la relation générale qui existe entre l'énergie-matière et ce champ. Comme d'autres configurations d'énergie-matière, le cerveau est une configuration stéréodynamique de cellules nerveuses possédant des propriétés spécifiques. Les transformations d'ondes de cette configuration sont sans cesse enregistrées dans le champ ψ, et le champ opère sans arrêt un feedback au cerveau sous forme d'ondes qui s'accordent à cette configuration. Par l'intermédiaire de ces interactions, le cerveau est directement et continuellement relié au champ sub-quantique.

Un accès sans discrimination à la richesse d'information issue du champ pourrait littéralement saturer le cerveau : sa capacité de traiter l'information serait dépassée à un point inimaginable. Mais le cerveau ne peut avoir accès à l'ensemble des schémas d'ondes du champ. Cet accès doit être effectivement limité au petit sous-ensemble d'ondes qui correspond (1) à la configuration spatio-temporelle des neurones dans le cerveau ; et (2) aux configurations qui vont avec cette configuration aux niveaux inférieurs et supérieurs (c'est-à-dire les neurones, les molécules, les atomes et les quanta en allant « vers le bas », et l'organisme tout entier et les systèmes sociaux et écologiques dans lesquels il est intégré en allant « vers le haut »).

La façon dont le cerveau choisit un sous-ensemble à partir d'un très grand nombre d'ondes du champ ψ constitue en fait un exemple particulier du processus par lequel les systèmes d'énergie-matière « sélectionnent » les effets ψ qui s'accordent avec eux. Cette sélection peut être comprise en se référant aux théories mathématiques de Dennis Gabor. Son grand mérite est d'avoir découvert que l'information encodée dans un schéma holographique d'interférences d'ondes peut être spécifiquement délimitée. Les transformations qui imposent une limitation spécifique des infinis de Fourier ont reçu son nom : ce sont les transformations de Gabor. A tout schéma holographique délimité correspond une double opération de « translation » de ce schéma *vers* la configuration tridimensionnelle, et *à partir* d'elle*.

Ce sont les transformations de Gabor qui sont supposées, dans la théorie holonomique de Pribram, agir sur le cerveau. Là, la réceptivité des aires holographiques est limitée par l'anatomie des cellules cérébrales. Cela signifie que les aires corticales sont « accordées » de façon spécifique à certaines fréquences d'ondes. L'accord des aires holographiques est déterminé par l'anatomie du cerveau. Il en résulte que l'aire corticale ne peut réagir qu'à une fréquence donnée (ou à une gamme restreinte de fréquences) et à aucune autre.

Dans notre perception sensorielle ordinaire, il y a sélection de la fréquence des ondes qui correspondent aux impulsions nerveuses transmises par nos sens. Dans la perspection ψ il se produit une modification du réglage des fréquences. Comme nous l'avons vu, l'excitation des formations fronto-limbiques relâche les contraintes gaussiennes sur les transformées de Gabor. Quand le cerveau holonomique sélectionne plus largement les fréquences, il y a transmission d'un signal codé dans le champ sub-quantique.

Le cerveau, après tout, est un système doué de capacités uniques en matière de discrimination des signaux. S'il était convenablement « accordé », il serait capable d'analyser des signaux issus du champ sub-quantique avec une acuité bien supérieure à celle de n'importe quel système d'énergie-matière connu de la science.

---

* La limitation qu'imposent les transformations de Gabor est semblable à celle qu'un musicien crée lorsqu'il place ses doigts sur les cordes d'un violon. La corde ne peut plus vibrer sur toute sa longueur ; sa vibration est limitée et donc le son qu'elle produit a une hauteur spécifique. Lorsque le violoniste déplace ses doigts sur la corde, la hauteur du son se modifie en fonction de ce déplacement. De la même manière, parce qu'il a une structure stéréodynamique spécifique, le cerveau « pose les doigts » sur les fréquences du champ ψ. Il obtient seulement le « son » qui correspond à ses « doigts », c'est-à-dire à sa structure spatio-temporelle spécifique.

La mémoire ψ. (1) Mémoire personnelle

Depuis les célèbres expériences de Lashley, les recherches sur les engrammes qui coderaient la mémoire dans le cerveau de façon permanente ont été presque complètement abandonnées. Lashley était parvenu à la conclusion que, sans considérer certaines cellules nerveuses en particulier, le comportement est sans nul doute déterminé par des « masses d'excitation » au sein de champs d'activité sans spécification. Il les assimilait aux « champs de forces » qui, au cours de l'embryogenèse, déterminent la morphologie de l'organisme. Il avançait l'idée que de semblables lignes de force étaient peut-être à même de créer des schémas dans le tissu cortical[6].

Lashley était sur la bonne piste. Il est difficile d'expliquer comment les expériences vécues tout au long d'une vie pourraient être stockées dans le cerveau en s'appuyant sur la thèse selon laquelle les réseaux de neurones locaux constitueraient le mécanisme de la mémoire. Tandis que de tels réseaux se forment lors de nos premières expériences, ils sont toujours en train de se reformer ensuite. Par exemple, la théorie de Gerald Edelman sur la sélection des groupes de neurones (théorie connue sous le nom de « darwinisme neural ») explique les fonctions cognitives par référence à des groupes de neurones structuralement distincts allant de cent à un million de cellules. La fonction d'un tel groupe est de réagir comme une entité unique à un signal transmis en direction du cerveau ou à partir de celui-ci. Chaque groupe ne peut réagir qu'à un sous-ensemble spécifique de types de signaux, qui engendre des réactions d'attention déterminées dans le processus mental. Ainsi les signaux « choisissent » des groupes de neurones particuliers, qui sont en compétition les uns avec les autres pour leur sélection et leur activation.

Les groupes de neurones de base constituent le « répertoire primaire » du cerveau : ils sont génétiquement codés et innés. La théorie dit que des groupes qui ont déjà été activés une fois à partir du répertoire primaire sont plus susceptibles d'être à nouveau sélectionnés par les mêmes types de signaux ou par des signaux similaires. Cela conduit à l'apparition progressive d'un sous-ensemble de groupes reliés entre eux de façon plus étroite, y compris le « répertoire secondaire » du cerveau. Ces groupes de neurones étant plus susceptibles de réagir à certains types de signaux spécifiques plutôt qu'à d'autres, la compétition sélective qui a lieu entre eux structure les itinéraires du développement mental. Ce développement consiste en la sélection par les signaux entrants de neurones préexistants, puis en l'amalgame de ces groupes en configurations d'un ordre plus élevé. Le mécanisme de la sélection et de la constitution des groupes est considéré comme la base de la capacité cognitive du cerveau, y compris la discrimination des stimuli, la formation des catégories cognitives et la reconnaissance de soi[7].

De telles théories conviennent parfaitement lorsqu'il s'agit de rendre compte du développement de certaines fonctions cérébrales, mais lorsqu'il s'agit d'expliquer les fonctions de la mémoire, elles ne s'appliquent plus aussi bien. Elles ne mettent en évidence aucun mécanisme susceptible de permettre au cerveau de conserver dans un milieu constant les traces des signaux qu'il reçoit. Le « répertoire primaire » a des réactions établies mais est incapable d'« apprendre », alors que le répertoire secondaire qui, lui, en est capable, est susceptible d'en effectuer la retranscription. Les théories des réseaux neuronaux de la fonction cérébrale supposent que chaque nouvelle expérience restructure tout l'ensemble des expériences antérieures.

Cette conclusion ne concorde pas avec un certain nombre d'expériences. Dans les états proches de la mort (NDE), par exemple, il semble possible qu'on se souvienne de toutes les expériences que l'on a vécues au cours de sa vie. Les tentatives d'explication de ce phénomène ont en général échoué. L'explication physiologique qui l'imputerait à la destruction progressive des neurones et à la dissolution des

synapses ne rend pas compte de la précision et de l'exacti-
tude de ces souvenirs : ce n'est pas quelque chose de diffus
qui devient de plus en plus vague, il s'agit au contraire
d'images extraordinairement nettes, bien qu'elles défilent à
très grande vitesse.

David Lorimer, qui a fait des recherches en ce domaine,
a affirmé que le seul cadre pertinent au sein duquel puisse
se situer l'expérience qui consiste à revoir la totalité de son
existence est celui d'une « interconnexion créatrice, comme
une toile d'araignée, un réseau holographique dans lequel
les parties sont reliées au Tout, et, par l'intermédiaire du
Tout, reliées les unes aux autres par une résonance empha-
tique ». Il doit s'agir là, ajoutait Lorimer, du genre de
« Tout » au sein duquel se situe notre être et celui du reste
de la création ; un champ de conscience dans lequel nous
sommes autant de branches interdépendantes[8].

L'explication précédente, même si elle va vraisemblablement dans la bonne direction, est loin d'avoir la précision
mathématique des théories des réseaux de neurones. Il peut
être difficile de sortir du dilemme d'avoir à choisir entre des
explications précises mais incomplètes et des hypothèses
complètes mais poétiques. Pour trouver l'approche conve-
nable, nous allons faire appel à une autre analogie tirée de
l'expérience quotidienne, cette fois avec l'ordinateur moderne.

Les premiers ordinateurs étaient des unités de traitement
qui contenaient leur propre information. Les seules données
qu'ils recevaient provenaient de cartes perforées ou de
claviers — c'étaient leurs « organes sensoriels ». Le système
lui-même se bornait à traiter l'information introduite dans
les circuits de l'ordinateur ; pour ce faire, l'ordinateur avait
des programmes incorporés, une information interne pré-
existante. Les cartes perforées et les circuits imprimés qui
faisaient fonctionner la machine était les « inputs » de ce
système fermé de traitement de l'information.

Dans leur large majorité, les ordinateurs modernes sont
différents. Ils consistent en postes de travail reliés les uns
aux autres par des réseaux internes, mais aussi, par des

connexions externes, aux banques de données (Postes et Télécommunications, et éventuellement un grand nombre de réseaux électroniques). En conséquence, l'information traitée à un poste de travail donné ne se limite pas aux données introduites par l'intermédiaire de son propre clavier. Les programmes internes de l'unité sont (ou peuvent être) en rapport constant avec tout un ensemble d'ordinateurs, et un opérateur peut « sauver » des données, de même que les « sortir » des diverses mémoires, à la fois de l'intérieur et de l'extérieur de son poste de travail particulier.

Si on « sortait » sans discrimination l'ensemble des données contenues dans les ordinateurs du réseau, cela provoquerait une surcharge du système — les données transférées dépasseraient bientôt les capacités de traitement de l'unité. Mais, dans les ordinateurs, on n'a jamais accès à l'information sans discrimination. La sélection s'opère par l'intermédiaire du code au moyen duquel le poste de travail communique avec le reste du réseau : un code donné « sort » seulement une donnée correspondante des mémoires du réseau. Et, si l'opérateur du poste de travail sauve l'information dans les banques de mémoire du réseau, c'est le code qui a été utilisé pour la sauver qui sert aussi pour la sortir.

Supposons que notre ordinateur personnel soit relié à un réseau régi par une unité de base située à distance. Notre PC a maintenant à sa disposition différentes sortes de mémoires. A portée immédiate, il a une mémoire active qui stocke les données particulières que nous tapons sur son clavier. Puis il a une mémoire tampon qui nous permet de stocker des données que nous ôtons temporairement de la mémoire active pour une éventuelle utilisation ultérieure ; et il a aussi une mémoire permanente périphérique qui nous permet d'extraire des données pour les stocker.

En outre, notre PC a à sa disposition la mémoire de l'unité de base. Par conséquent chaque fois que nous faisons entrer une donnée par l'intermédiaire du clavier, nous pouvons la sauver de façon à pouvoir la retranscrire immédiatement (dans la mémoire active) ; d'une façon indirecte qui permette sa réintroduction dans le texte pour des modifications éventuelles (le tampon) ; ou pour qu'elle soit conservée de manière à ne pas disparaître, même si on éteint l'ordinateur (la mémoire périphérique) ; enfin, quatrième possibilité, de façon à ce qu'elle puisse être stockée dans une unité extérieure (laquelle pourrait tout aussi bien se trouver aux antipodes).

Si nous voulons que la comparaison avec la mémoire humaine soit pertinente, il nous faut préciser que le système dans lequel est inclus notre ordinateur n'autorise pas ses utilisateurs à effacer quoi que ce soit de la mémoire de base, pas même ce que les utilisateurs y ont eux-mêmes sauvegardé. (Dans la procédure standard l'unité de base efface périodiquement la partie inutilisée des données afin d'éviter une accumulation excessive.) Effectuons maintenant dans notre système une « entrée » quelconque. Cette entrée peut varier avec l'évolution de notre travail : nous la mettons dans la *mémoire active*. Nous pouvons nous attacher à un aspect particulier des données que nous voulons entrer dans le système de manière à pouvoir les modifier ultérieurement : ces données iront dans la *mémoire tampon*. Il est également possible d'enregistrer notre travail de façon indélébile : nous l'avons alors sauvegardé sur notre disque (*mémoire périphérique*). Cette donnée persiste même lorsque nous travaillons sur autre chose et que nous l'avons oublié, mais elle peut être modifiée lorsque nous la sortons de la mémoire.

A présent, envisageons la quatrième possibilité, à savoir que notre PC sauve toutes les entrées dans la mémoire de l'unité de base. Cette mémoire n'est pas « dans » notre ordinateur : aucune recherche, si poussée fût-elle, ne parviendrait à la localiser dans nos circuits. Si nous n'avons pas conçu ce système nous-mêmes, mais l'avons reçu « tout fait », il se peut que nous soyons déconcertés : nous n'avons pas l'idée que notre machine puisse être reliée à un ordinateur situé à distance. Tout ce que nous remarquons, c'est la présence d'un flux d'informations qui excède sa capacité de stockage des données. Ce flux est de notre point de vue une anomalie, nous pouvons donc douter de son existence même.

C'est ce que font en grande partie les neurophysiologistes qui étudient la mémoire à long terme. Ils recherchent toutes les formes de mémoire qui existent dans le cerveau, et s'ils trouvent des éléments qui excèdent la capacité connue de ses possibilités de stockage, ils les rejettent soit en les considérant comme une illusion, soit en les qualifiant de faits paranormaux.

C'est une erreur. Il est probable que l'interaction qui se produit entre le cerveau et le champ ψ est analogue à la communication qui existe entre un ordinateur personnel et une unité de base lorsqu'ils sont reliés l'un à l'autre. Si cette dernière sauvegarde automatiquement tout ce qui entre dans le premier, l'information que l'on crée sur l'ordinateur personnel devient indépendante de celui-ci. Pour la retrouver, il suffit d'un code, et c'est le même code qui a servi à l'enregistrer.

C'est de la mémoire à long terme. Tout ce qui pénètre dans le cerveau laisse une trace dans le champ sub-quantique. Les schémas d'interférences qui s'accumulent dans le champ encodent l'histoire entière des cerveaux, comme celle de tous les corps spatio-temporels. Pour décoder cet enregistrement, il faut une clé. La clé, c'est la configuration dynamique spatio-temporelle qui correspond à une composante d'onde spécifique du champ. Chaque quantum, chaque système constitué de quanta possède sa propre configuration, donc sa propre clé. Ainsi chaque système expérimente constamment la trace de sa propre structure dynamique.

L'effet de feedback du champ — l'effet ψ — est ce qui définit l'état de probabilité des particules au niveau quantique, et c'est ce qui permet aux organismes d'engendrer avec précision leur structure morphologique, de la régénérer et d'y accomplir des mutations orientées et cohérentes. C'est aussi ce qui permet au cerveau d'accéder aux expériences stockées dans le champ ψ.

(2) *Mémoire transpersonnelle*

Au-delà du souvenir de ses propres expériences initiales, il existe une autre sorte d'expérience qui demande une explication. Le fait est que certaines personnes et certaines cultures paraissent liées l'une à l'autre d'une façon plus directe que par une communication utilisant les organes sensoriels. Les intuitions simultanées semblent bien mystérieuses ; elles heurtent le bon sens, et on a tendance à les rejeter comme une imposture ou une illusion. Toutefois les méconnaître a peut-être été défendable tant qu'on était incapable de les rattacher aux domaines mieux connus de l'expérience. A présent, grâce à la thèse de l'effet ψ sur le cerveau, on peut jeter un pont entre la rive proche des expériences bien comprises et l'autre rive, la rive éloignée, celle des phénomènes déconcertants, comme les intuitions simultanées et la conscience collective.

Voyons comment l'infrastructure du pont soutiendrait l'analyse. La travée qui promet de nous amener de l'autre côté est la thèse que la récupération de l'information nécessite une clé qui serve à « lire » le champ sub-quantique à la fois pour y faire entrer des données et pour les en faire sortir. Cette clé, comme nous l'avons déjà dit, c'est la structure stéréodynamique du cerveau, plus exactement la transformation spécifique de Gabor qui limite les transformations générales de Fourier de manière à produire un accord précis entre une configuration spatio-temporelle finie et l'onde qui la caractérise. C'est l'équivalent du code informatique qui identifie un dossier particulier dans les échanges qui ont lieu entre un poste de travail et la mémoire de l'unité de base. Par nature, ce code est spécifique à chaque « poste de travail » et ne peut être dupliqué. Si un poste de travail donné tombe en panne — si, par exemple, une configuration d'énergie-matière se détériore ou se désagrège —, le dossier contenu dans la mémoire se désactive. Il est toujours là, mais on ne peut le faire sortir.

Si nous ne nuançons pas cette hypothèse en ce qui concerne le champ ψ, nous nous apercevons que ce champ présente des surcharges — l'information qu'on y a introduite mais qu'on ne peut plus extraire puisque, entre-temps, le système de lecture a disparu. Aucune configuration de matière n'est éternelle, et plus la configuration est complexe, plus elle est éphémère. Les organismes qui ont un niveau de complexité pluricellulaire sont nécessairement mortels, bien que leur espèce et les individus qui la composent perdurent. Lorsque les individus humains meurent, la configuration neuronale spécifique de leur cerveau est détruite. La transformation de Gabor au moyen de laquelle ils ont fait entrer et sortir de l'information devient inaccessible. Malgré l'existence d'une mémoire dans la nature, la richesse des expériences d'une vie disparaît dans la tombe.

Mais n'allons pas si vite : cette conclusion est peut-être prématurée. Si les codes de communication du cerveau étaient tellement spécifiques, comment la mémoire personnelle pourrait-elle fonctionner lorsque plusieurs années, voire plusieurs dizaines d'années se sont écoulées ? Le cerveau vieillit, comme le reste du corps, et la configuration typique de structures neuronales subit de subtiles altérations. Une spécificité très élevée des codes de communication limiterait une lecture rétrograde à une durée de quelques mois, sinon de quelques jours. Si la possibilité d'une « revue panoramique » des expériences de sa propre vie doit être retenue, nous devons supposer que les codes ont une certaine souplesse, une certaine latitude. Ils doivent fonctionner relativement à une gamme spécifique de schémas d'ondes, plutôt que relativement à des schémas spécifiques *individuels*.

Cette thèse a des conséquences importantes. Si le code qui permet de faire entrer une information n'a pas une spécificité très étroite, tous les autres codes qui coïncident avec les fréquences correspondantes peuvent sortir cette information. Les codes ne sont plus la possession exclusive d'individus particuliers. *Mes expériences vécues font partie non seulement de mes souvenirs personnels, mais aussi des souvenirs de quiconque possède une expérience qui s'apparente étroitement à la mienne.*

La formulation ci-dessus est un peu simpliste : la proximité en question concerne non pas les caractéristiques particulières des expériences humaines, mais les structures cérébrales dynamiques qui traitent ces expériences. S'il y a une ressemblance suffisante entre les structures cérébrales stéréodynamiques des individus A et B, une expérience vécue par A peut aussi faire partie des souvenirs de B. Ici, le temps et l'espace ne sont pas des facteurs limitatifs. Les transformations d'ondes des expériences se propagent quasi instantanément dans le champ sub-quantique et sont conservées de façon permanente. Ainsi, dans la pratique, B connaît les expériences vécues de A en tout point de l'espace et à tout moment précédent.

Pour comprendre cette poutre maîtresse fondamentale de notre pont, revenons une fois encore à l'exemple de l'ordinateur. Prenons notre ordinateur personnel et branchons-le sur le réseau électronique. Cette fois-ci, la caractéristique clé du réseau est ce qu'en jargon informatique on appelle le « tableau d'affichage ». Ce tableau est un dossier dans l'ordinateur central, accessible à un groupe particulier d'abonnés. Un groupe d'utilisateurs veulent partager leurs données et souhaitent éviter la longue procédure qui consiste à communiquer avec chacun des autres utilisateurs pris un à un. Ils s'abonnent à un dossier commun qui peut être lu par chacun d'eux. Afin de le protéger des non-abonnés, ils conviennent d'un code d'accès.

Dans la nature, les « tableaux d'affichage » se manifestent spontanément quand les structures spécifiques d'ensembles entiers de systèmes d'énergie-matière coïncident. C'est pourquoi tous les tritons ont des connexions avec le schéma du triton : malgré leurs variations individuelles, ce sont tous des abonnés au « tableau d'affichage triton » de la nature. De même, malgré l'individualité unique de chaque être humain, nous sommes tous des abonnés du tableau général de l'*Homo sapiens*. En outre, nous sommes aussi abonnés à des tableaux d'affichage plus limités, tels que les cultures auxquelles nous appartenons. Voilà qui constitue une explication prometteuse de la façon dont fonctionnent les intuitions simultanées entre des cultures ou des individus différents.

Des codes dont la gamme est large (donc des tableaux d'affichage vastes) sont susceptibles de se développer tout d'abord au sein de cultures qui existent depuis longtemps et dont les membres sont en relation étroite. Dans de tels groupes, l'expérience des individus est comparativement similaire, et à la longue leur héritage génétique a sans doute été structuré de la même façon par des pressions identiques dues à la sélection. Par conséquent, il n'est pas invraisemblable que des gens appartenant historiquement à une même culture vivent l'expérience de quelque chose qui s'apparenterait à une conscience collective.

Pratiquement, cela signifierait que la communication sensorielle au sein d'un groupe de même culture serait aidée par la mémoire partagée d'éléments d'expérience vécue. Ces éléments constituent ce que Carl Jung appelait des « archétypes ». Les archétypes, disait Jung, sont issus d'un vaste processus inconscient et illimité partagé par l'humanité entière — ils sont faits de l'accumulation de millions d'années d'expériences vécues. Ils pénètrent jusqu'aux strates fondamentales de l'expérience, au-delà des distinctions d'espace et de temps, de psyché et de matière[9]. A un stade ultime, ils deviennent les principaux éléments de ce que le psychologue suisse a défini comme l'« inconscient collectif ».

Jung se demandait si, à long terme, les expériences partagées ne devraient pas mener à une modification progressive de la structure génétique des individus, en sorte que l'expérience personnelle en viendrait à incorporer toujours davantage d'éléments de l'expérience collective. Dans son célèbre commentaire sur *Le mystère de la fleur d'or*, il écrivait : « L'inconscient collectif est simplement l'expression psychique de l'identité de la structure cérébrale malgré les différences raciales[10]. »

A l'époque de Jung, les scientifiques écartaient la notion d'identité cérébrale comme base de la perception des archétypes ; la neuroscience mécaniste qui avait cours en ce temps-là était incapable de savoir comment des structures cérébrales inter-raciales identiques (ou au moins analogues) pouvaient rendre compte d'éléments d'expériences partagés. Or, il se peut fort bien que Jung ait été sur la bonne piste. Il nous faut simplement préciser que l'identité de la structure cérébrale ne crée pas en soi des expériences archétypales partagées, ni le phénomène de l'inconscient collectif ; elle ne fait que créer dans les cerveaux des individus une capacité à opérer des transformées de Gabor sur une certaine gamme de fréquences - transformées qui leur permettent d'évoquer des pans communs d'expérience à partir du champ qui les encode.

La possibilité « d'ouvrir le toit de la perception », comme le dit Raynor Johnson, et de se mettre en communication directe avec certains des aspects les plus vastes du monde, constitue une perspective étonnante. Citons Aldous Huxley, qui a recherché cette possibilité pendant une grande partie de sa vie.

> Être bouté hors des sillons de la perception courante, avoir reçu la révélation, pour quelques heures éternelles, du monde extérieur et du monde intérieur, non comme ils apparaissent à un animal obsédé par les mots et les concepts mais comme ils sont saisis directement et inconditionnellement par l'Esprit du Grand Large,
>
> Cela est une expérience d'une valeur inestimable pour chacun.
>
> Aldous Huxley,
> *Les Portes de la perception.*

CHAPITRE 15

La DSQ de la cosmologie

Les quanta, les organismes, et même le cerveau humain, semblent être quasi instantanément interconnectés. Dans la nature, ces connexions imposent des trajectoires d'évolution et introduisent la cohérence au sein de la diversité. La question que nous nous posons maintenant est de savoir si de telles connexions pourraient régir l'évolution de l'univers lui-même.

Ce n'est pas une question dérisoire : notre univers n'est pas un univers mécaniste où le tout serait la somme de ses parties. Si un principe ordonnateur s'applique à l'ensemble de l'univers, ce système ne serait pas ordonné comme la somme des ordres de ses constituants ; l'ordre de l'univers serait distinct des ordres spécifiques aux énergies-matières immergées dans l'espace et le temps.

Le fait est que l'univers dans son ensemble est spécifiquement ordonné d'une manière non déterministe mais aussi non aléatoire. Le hasard seul n'aurait pas pu produire des constantes universelles qui rendent le cosmos capable d'engendrer la complexité que nous observons. Les constantes universelles sont accordées de façon précise de manière à permettre l'évolution de la vie : c'est le dernier paradoxe sur lequel nous allons nous pencher.

Considérons les faits de plus près. Nous pouvons les

présenter comme une série de quêtes qui n'ont pas encore abouti, de questions auxquelles on n'a pas encore répondu :

— Comment se fait-il que le taux d'expansion de l'univers à son commencement ait été uniforme dans toutes les directions avec une précision étonnante (puisque le rayonnement cosmique est maintenant égal en tous les points de l'espace) ?

— Comment se fait-il que l'expansion initiale, bien que remarquablement uniforme, ait néanmoins manifesté des défauts d'homogénéité minimes juste suffisants pour avoir donné naissance aux galaxies, aux étoiles et aux planètes qui se trouvent au sein de ces galaxies ?

— Pourquoi la force de gravité est-elle précisément d'une telle grandeur que les étoiles puissent exister suffisamment longtemps pour permettre le développement de la vie sur des planètes appropriées ?

— Pourquoi la masse du neutrino — pour autant qu'il en ait une — est-elle suffisamment petite pour avoir empêché l'univers de s'effondrer peu après le big bang dû à une très forte poussée gravitationnelle ?

— Pourquoi la force nucléaire forte est-elle précisément telle que l'hydrogène puisse se transformer en hélium puis en carbone et en tous autres éléments indispensables à la vie (puisqu'une simple augmentation de deux pour cent de la force forte aurait provoqué une combustion totale de l'hydrogène avant que celui-ci ait pu se transformer en éléments plus lourds) ?

— Comment se fait-il que la force nucléaire faible ait la valeur exacte requise pour permettre à des atomes lourds d'être émis à partir d'étoiles dans l'explosion des supernovae (or ce sont les atomes qui, au cours de la génération suivante, ont transformé les étoiles en éléments plus complexes qui sont les bases de la vie) ?

— Et comment se fait-il aussi que la force nucléaire faible ait eu précisément, pour ce qui est de la gravité, la valeur requise pour que l'hydrogène, plutôt que l'hélium, devienne l'élément dominant du cosmos (si ç'avait été l'hélium, les étoiles n'auraient pas existé suffisamment longtemps pour que la vie se développe sur leurs planètes ; or, la vie telle que nous la connaissons n'aurait pas pu se développer en l'absence d'eau, qui se compose principalement d'hydrogène) ?

Ces énigmes, comme nous le voyons, concernent les valeurs des forces universelles, en sus de la masse et de la distribution de la matière dans l'espace-temps. Ces forces sont précisément telles que l'univers a été capable de se structurer de façon de plus en plus complexe, et même de donner naissance à la vie. Les valeurs des constantes devaient déjà exister dès le commencement de l'univers — autrement, l'univers n'aurait pas évolué comme il l'a fait, et nous ne serions pas là pour émettre des remarques à son sujet. Est-ce que le bon ajustage des constantes cosmiques s'est produit au moment même de la naissance cosmique, et tout à fait par hasard ? Est-il dû, par contre, à l'existence simultanée, ou bien successive, de myriades d'univers ? Ou bien encore a-t-il été créé selon un plan délibérément conçu par un Être omniscient ?

Même atténué par la loi des grands nombres, le hasard ne constitue pas une réponse satisfaisante, pas plus que l'idée d'un dessein délibéré. Pour la science empirique, les découvertes dues à un heureux hasard sont un fait aussi difficile à admettre que l'existence de myriades d'univers ou d'êtres omniscients. Si quelques physiciens quantiques peuvent accepter une explication aussi difficile — la version forte du principe anthropique —, pour le commun des mortels l'affirmation que l'univers serait tel qu'il est parce que nous l'observons semble « quelque peu » exagérée[1].

On n'a pas encore trouvé de solution raisonnable à ce paradoxe. Demandons-nous alors s'il ne pourrait pas être résolu grâce à l'intégration dans les cosmologies actuelles de l'hypothèse d'une interaction entre l'univers actualisé et le champ sub-quantique.

Les scénarios classiques

Le scénario classique de l'évolution de l'univers est assez morne. Les cosmologues envisagent un univers soit « ouvert » soit « fermé ». Dans le premier, la matière disparaîtrait dans le vide infini ; dans le second, elle s'effondrerait sur elle-même dans un « big crunch ». Dans ces scénarios, l'évolution de la matière ressemble au cycle de la vie d'une fleur : croissance, floraison et flétrissement ultime.

Le processus cosmique est irréversible et inévitable. Ses origines se trouvent dans le big bang, cette énorme explosion déclenchée par l'instabilité du vide et qui, à partir d'une singularité, a créé le monde observé.

Dans ce monde l'ordre émerge pas à pas. Aux températures extrêmement élevées qui sont celles de l'univers à ses débuts, les atomes ne pouvaient exister — à de tels niveaux d'énergie, le bruit thermique empêche les électrons de s'associer avec les noyaux. Il n'existe alors qu'un plasma porté à des températures très élevées. A mesure que le plasma se refroidit, les électrons commencent à graviter autour du noyau, et il se constitue un gaz atomique. A ce niveau d'énergie, les galaxies se condensent à partir du plasma et les étoiles se condensent au sein des galaxies. Au fur et à mesure que le refroidissement progresse de nombreux atomes s'associent au sein de molécules. Un refroidissement encore plus grand permet la naissance de davantage de molécules complexes qui transforment les configurations des particules de matière : elles passent de l'état gazeux à l'état liquide puis se cristallisent. Sur les planètes, qui sont des restes refroidis d'explosions d'étoiles, les structures moléculaires et cristallines forment des configurations de proto-êtres vivants et permettent l'émergence des dimensions d'ordre associées à la vie.

Tout cela se terminera soit par le big crunch, soit par la dispersion dans l'infini de l'espace. On ne sait pas encore lequel de ces deux scénarios se réalisera. Mais, pour ce qui est du destin ultime des énergies-matières, il n'y a guère de différence. Dans les deux cas, les quanta et les multiples configurations faites de quanta se désintégreront et disparaîtront.

Le nombre de baryons qui, croit-on, a été déterminé pendant les premières fractions de seconde suivant le big bang ne sera plus stable. On a longtemps cru que c'était une des constantes de la nature ; en fait, ce nombre (qui représente la quantité de particules de matière qui se trouvent dans l'univers) décroît et tend vers zéro au fur et à mesure que les protons et les neutrons disparaissent dans l'évaporation des trous noirs. Mais commençons par le commencement et décrivons les grandes lignes du processus cosmique.

Temps écoulé depuis le début de l'univers (ou d'un cycle de l'univers)	*Température moyenne (Kelvin)*	*Densité moyenne (g/cm³)*	*Production dominante*
$< 10^{-24}$	$> 10^{20}$	$> 10^{50}$	—
10^{-24}-10^{-3}	10^{15}	10^{30}	hadrons
10^{-3}-100 secondes	10^{10}	10^{10}	leptons
100 s.-10^6 années	10^4	10^{-10}	atomes neutres
10^6 années-10^9 années	300	10^{-20}	galaxies
$> 10^9$ années	$\simeq 2,7$	$\simeq 10^{-29}$	étoiles-planètes

Fig. 6 - Édification progressive des micro et macrostructures de l'univers en ce qui concerne le temps, la température et la densité de rayonnement/matière, depuis la période d'expansion jusqu'à l'époque actuelle.

Les cosmologies classiques considèrent le big bang comme la succession rapide de deux changements de phase de l'état de l'univers à son tout début. Le premier de ces changements aboutit au développement d'une instabilité dans le « vacuum quantique », le second transforma l'instabilité explosive en une expansion plus ordonnée, celle d'un univers dit de Robertson-Walker, qui existe toujours. Un changement de phase ultérieur se produisit entre cinquante mille et un million d'années plus tard, quand les énergies-matières qui étaient apparues au cours des premières secondes d'existence de l'univers se dissocièrent de la radiation originelle. L'espace est devenu transparent, et la matière est désormais un composant du cosmos à part entière.

L'histoire de ce composant, c'est celle de l'univers observable. Elle est dominée par la formation de galaxies et d'étoiles, de planètes associées à certaines étoiles. C'est aussi l'histoire de toute forme de vie pouvant s'être développée sur certaines de ces planètes, et de la conscience qui a éventuellement pénétré certaines de ces formes de vie.

Pendant les quinze ou vingt milliards d'années qui viennent de s'écouler, l'histoire de la matière a été une histoire constructive, celle de l'édification de galaxies qui se condensent en étoiles et en systèmes stellaires. Les quanta se sont rassemblés en atomes et en molécules pour édifier ces systèmes et, sur certaines planètes, en configurations encore plus complexes de macromolécules et de cellules. Mais la période de développement constructif tire tôt ou tard à sa fin : l'évolution de l'énergie-matière inversera son cours et entrera dans une phase d'involution. L'inversion se fera graduellement et se produira à différents moments en différents lieux. Mais chaque fois que — et partout où — cela se produira, ce sera irréversible : la phase constructive de l'évolution se terminera bel et bien.

Que l'univers soit ouvert ou fermé, le destin ultime de la matière ne montrera pas de différence significative. Dans l'un ou l'autre cas, toute la matière disparaîtra. Elle disparaîtra dans l'implosion géante du big crunch si l'univers est fermé ; ou bien dans la dernière explosion de trous noirs de la taille d'amas galactiques, s'il est ouvert. Quel que soit le genre de vie qui se sera développé entre-temps, tout disparaîtra sans exception.

Les conditions responsables de cette ultime catastrophe sont plus liées à l'évolution des soleils autour desquels orbitent des planètes porteuses de vie qu'à l'évolution des macrostructures de l'univers. Avant que la radiation atteigne des niveaux de chaleur intolérables pour toutes les formes de vie concevables, ou se refroidisse jusqu'à atteindre des températures insupportablement glaciales, les soleils des planètes porteuses de vie auront atteint le stade de géantes rouges. A ce moment-là, ils entreront en expansion et engloutiront toutes leurs planètes porteuses de vie (les plus lointaines, qui ne risqueront peut-être pas d'être englouties, seront également trop froides pour que la vie puisse apparaître et évoluer sur elles).

Le destin de la vie est déterminé à l'avance, que nous vivions dans un univers ouvert ou dans un univers clos. Dans l'univers clos le rayonnement ambiant augmentera graduellement mais inexorablement. La longueur d'onde du rayonnement se contractera depuis la zone des micro-ondes jusqu'à celle des ondes radio, puis à celle du spectre infra-rouge. Lorsque le spectre visible sera atteint, tout l'espace sera éclairé d'une lumière intense. A ce moment-là, les planètes porteuses de vie seront vaporisées en même temps que les autres corps célestes.

Si notre univers est un univers ouvert plutôt qu'un univers clos, la vie disparaîtra à cause du froid plutôt que du fait de la chaleur.

Non seulement la vie, mais toutes les formes de matière contenues dans l'univers sont destinées à finalement disparaître. Selon les estimations actuelles, dans environ un trillion (10^{12}) d'années à compter de maintenant, il ne se formera plus aucune étoile. A ce moment-là, dans les étoiles actives déjà formées, l'hydrogène sera converti en hélium, et cet hélium alimentera des étoiles qui seront dans l'état de naines blanches. Tout le combustible nucléaire sera alors épuisé, et les galaxies apparaîtront rouges au regard d'un observateur. Puis, à mesure que leurs étoiles se refroidiront, elles cesseront d'être visibles.

L'énergie se perdant dans les galaxies par l'intermédiaire du rayonnement gravitationnel, les étoiles individuelles se déplaceront l'une vers l'autre. Les chances de collision entre elles augmenteront ; les collisions qui se produiront préci-piteront certaines étoiles vers le centre des galaxies et en enverront d'autres dans l'espace extra-galactique. Par conséquent, la taille des galaxies elles-mêmes diminuera ; de la même façon, les amas galactiques se réduiront ; à un stade ultime, les galaxies aussi bien que les amas galactiques imploseront sous forme de trous noirs.

Après 10^{34} années, la matière du cosmos aura été réduite à un rayonnement, à des paires de positrons et d'électrons et à des noyaux compacts dans les trous noirs. Les trous noirs eux-mêmes disparaîtront dans le processus que Hawking a décrit sous le nom d'« évaporation ». Un trou noir résultant de l'effondrement d'une galaxie s'évaporera en environ 10^{99} années et un trou noir géant contenant la masse d'un super-amas galactique disparaîtra en 10^{117} années. Au-delà de cet horizon temporel, le cosmos contiendra des énergies-matières uniquement sous la forme d'électrons, de positrons, de neutrinos et de photons émettant un rayonnement gamma.

Le chronométrage exact de la disparition de la matière de l'univers dépendra de la désintégration ou de la non-désintégration des protons. Étant donné que la demi-vie des protons est de 10^{31} ans, au bout d'environ 10^{32} ans, tous les baryons auront pratiquement disparu. Bien que les protons et ce qui restera après la destruction des autres baryons durent plus longtemps, eux aussi disparaîtront a leur tour à l'horizon temporel de 10^{117} ans. Si les protons ne disparaissent pas, cet horizon se prolongera jusqu'à l'an 10^{122}. A ce moment-là, même si les protons sont stables, ils disparaîtront inéluctablement dans les trous noirs formés par les galaxies et les amas galactiques en train de s'effondrer.

Les scénarios nouveaux

Le scénario classique de l'évolution cosmique est nettement sinistre, mais il peut ne pas être vrai. Il existe d'autres scénarios, et parmi ceux-ci il en est plusieurs qui contiennent la promesse explicite d'une amélioration du destin de l'univers.

Les physiciens recherchent activement des solutions de remplacement au scénario classique, car, hormis la perspective de la fin peu réjouissante qu'il laisse présager en ce qui concerne la matière et la vie, ils ont de bonnes raisons de n'être pas satisfaits de ce scénario. Un problème majeur, c'est que le big bang requiert l'existence d'une singularité à l'origine de l'univers. Une singularité, toutefois, est une zone de l'espace-temps dans laquelle les lois de la physique ne s'appliquent plus. De telles conditions sont exclues dans la théorie de la gravitation d'Einstein — les lois de la gravitation n'ont plus cours au temps zéro, quand l'univers est réduit à une taille infiniment petite. Or le big bang requiert cette condition exceptionnelle. Et même si l'univers se révélait être un univers fermé, l'implosion ultime, le big crunch, exigerait elle aussi cette singularité.

Les nouvelles cosmologies suggèrent que l'univers n'a jamais commencé à partir d'une condition de singularité et qu'il ne l'atteindra jamais non plus. L'état initial d'un « univers quantique » a un rayon minuscule mais qui n'est pas égal à zéro. En recourant à d'autres conjectures, il est possible de montrer que même un univers fermé n'est pas condamné à avoir été produit par un seul et unique bang — et qu'il n'est pas inéluctablement condamné à se terminer par un big crunch, mais simplement à atteindre un état ultracompact dont il pourra être libéré par un autre « bang ». Un tel univers irait d'une instabilité explosive à l'autre en passant par un cycle complet d'expansion et de contraction. Au cours de chaque cycle, la matière serait synthétisée à partir du vide, et les particules actualisées passeraient par des phases d'évolution et d'involution pour atteindre le stade où les quanta seraient dans un état de densité maximale. L'univers serait fermé, mais sa fermeture s'appliquerait uniquement à ses cycles. L'univers lui-même n'aurait ni commencement ni fin.

Un autre scénario récent suggère que c'est l'univers ouvert

qui présente une série de pulsations successives. Prigogine, Geheniau, Gunzig et Nardone considèrent l'interaction du vide quantique et de la matière comme le facteur de base du cosmos, et ils ont fait la démonstration mathématique que de cette interaction pourrait naître une série peut-être infinie de cycles universels[2].

La cosmologie multicyclique de l'univers ouvert confère un rôle actif au champ sub-quantique : c'est après tout le milieu d'où émergent constamment les particules virtuelles. Lorsque ces particules reçoivent une quantité d'énergie correspondant à leur masse, elles se transforment en particules « réelles » stables et « polarisent le vide » : elles créent l'univers actualisé. Le scénario Prigogine-Geheniau-Gunzig-Nardone suggère que la force de gravitation procure l'énergie requise pour que les particules virtuelles deviennent réelles.

La théorie pose comme principe un mode gravitationnel lié à la courbure de l'espace-temps de l'univers. La géométrie de l'espace-temps crée un réservoir d'énergie négative dans lequel la matière gravitationnelle de l'univers extrait de l'énergie positive. Dans le vacuum quantique turbulent, l'énergie extraite est transmise à des particules virtuelles qu'elle convertit en particules réelles.

L'hypothèse émise est que, partout dans l'espace-temps, il existe une interaction constante et équilibrée entre la structure à grande échelle de l'univers et le vacuum quantique. Au cours de chaque cycle, la matière nouvelle est créée à partir du champ grâce à l'énergie engendrée par la matière synthétisée lors des cycles précédents. L'énergie positive qui intervient dans la synthèse de la matière compense constamment et précisément l'énergie négative engendrée par la courbure de l'espace-temps due à la matière existante. Ainsi, l'énergie totale du champ demeure à sa valeur initiale de zéro.

Nous obtenons une usine qui engendre perpétuellement des particules de matière. Plus grand est le nombre des particules ainsi engendrées, plus il se produit d'énergie négative, qui se transforme en énergie positive pour réaliser la synthèse de davantage de particules. Le champ sub-quantique et les énergies-matières actualisées forment une boucle de feedback qui s'auto-engendre. Le fonctionnement de cette boucle explique le phénomène des « bangs » qui créent l'univers.

Il s'avère que le champ est instable en présence d'une interaction gravitationnelle : une fois atteint un certain seuil critique de particules réelles, il est déstabilisé. Cette instabilité fait évoluer le champ vers la phase d'expansion qui marque le début d'un cycle cosmique. L'univers n'a pas été créé à partir du néant ni d'un insondable vide préexistant : c'est un cycle qui se produit dans la matrice de cycles précédents au sein d'un univers ouvert d'une durée indéfinie.

Les transitions — les passages d'une phase d'instabilité dans le vacuum à une phase de dilatation, et d'une phase de dilatation à une phase d'expansion ordonnée — sont gouvernées par la création et l'évaporation de mini-trous noirs dans le processus bien connu décrit par Hawking. Le temps d'évaporation des mini-trous noirs se révèle être exactement de 10^{-33} secondes — c'est le temps requis par les théories de la dilatation.

Ainsi la genèse d'un cycle cosmique comprend trois étapes séparées par deux transitions (ou changements de phase). La première étape est la création d'un « vide de Minkowski » (c'est un état instable du champ sub-quantique) par le retour d'énergie négative résultant de la courbure de l'espace-temps. L'instabilité crée le changement de phase vers l'état inflationnaire, état connu sous le nom d'univers de De Sitter. Pendant la phase d'inflation, les mini-trous noirs créés par le premier changement de phase s'évaporent, produisant un effet d'hyper-refroidissement, tandis que le second changement de phase amène l'univers de De Sitter à l'état homogène et isotrope d'expansion géométrique connu sous le nom d'« univers de Robertson-Walker ». Cet univers, qui est celui dans lequel nous vivons, constitue la troisième étape.

Nous constatons dès lors que cette cosmologie remplace

le big bang, scénario classique, par celui de bangs multiples dans un univers ouvert. Elle suggère qu'il existe non un univers unique, mais une infinité d'univers. Chacun d'eux est engendré dans le contexte de son prédécesseur et chacun donne naissance à son successeur. Dans cette cosmologie les changements de phase dépendent directement des valeurs de trois constantes : **C**, la vitesse de la lumière ; **h**, la constante de Planck ; et **G**, la constante gravitationnelle*.

Le scénario de la cosmologie DSQ

Dans le scénario classique, l'univers a un commencement bien défini et va vers une fin également définie. La matière naît du champ sub-quantique où elle retourne. Entre-temps, elle se structure en niveaux de plus en plus ordonnés, jusqu'à ce que ce processus s'inverse et que les niveaux d'ordre atteints se détruisent.

Les nouveaux scénarios des cosmologies multicycliques suggèrent un destin qui, à première vue, n'est pas radicalement différent. Dans ces scénarios, l'univers est infini dans le temps et, dans les modèles d'univers ouvert, également infini dans l'espace. Cependant, la matière synthétisée au cours des divers cycles a une durée de vie limitée. Toutes les particules finissent, à un stade ultime, par se détruire. Elles disparaîtront dans l'évaporation des trous noirs, dans le cas de l'univers ouvert ; et dans le crunch universel, dans le cas de l'univers clos.

---

* Pour mieux comprendre ce concept, prenons l'exemple d'un étang à la surface étale, et observons une bulle qui monte à la surface. La bulle crée une perturbation locale à partir de laquelle se propagent des ondes concentriques. A mesure que les fronts d'ondes s'éloignent, la surface redevient calme et plane. Mais les ondes qui se sont formées exercent une pression sur l'étang, en sorte qu'il y aura une autre bulle qui viendra créer une autre perturbation et un autre ensemble d'ondes concentriques. A mesure que celles-ci, à leur tour, s'éloignent, elles créent leur propre pression en retour, qui engendre une troisième bulle, et le processus se répète indéfiniment.

Si le champ sub-quantique était passif, l'évolution de la matière se répéterait cycle après cycle, soit à l'identique, soit avec des variations aléatoires. Mais si le champ est interactif, cela ne se produira pas : sa structure hautement modulée ne serait pas nécessairement aplatie à la fin de chaque cycle — au moins dans un univers ouvert.

Cette conclusion découle de l'hypothèse DSQ. Les schémas d'interférences d'ondes qui conservent les traces de la matière dans l'univers se propagent quasi instantanément à travers l'espace-temps ; par conséquent, ils sont également présents dans la zone de l'univers ouvert où une instabilité critique fait exploser le vide quantique. Dans cette région, il n'y a pas de flux, de courants analogues à des solitons — la matière va vers l'extérieur dans les galaxies qui s'éloignent —, mais les schémas d'interférences d'ondes créés par les quanta seront présents. Les quanta synthétisés après le nouveau bang rencontreront ces schémas et seront « in-formés » par eux.

Dans un univers multicyclique, la structure fine du champ sub-quantique est périodiquement réactivée. Chaque cycle se construit à partir de l'information provenant du cycle précédent. Puisque ce cycle à son tour reçoit l'information issue du cycle précédent, l'information disponible pour chaque cycle sera l'ensemble de l'information créée jusque-là par les cycles cosmiques.

Dans les cycles successifs, l'évolution de la matière ne partira pas de zéro : elle peut commencer avec l'information accumulée pendant tous les cycles antérieurs. La matière serait « in-formée » par des configurations qui se sont développées non seulement au cours du cycle actuel, mais au cours des cycles précédents.

Un univers multicyclique capable de conserver l'information résoudrait l'énigme de l'émergence de l'ordre que l'on observe au cours de l'évolution. L'explication de ce phénomène requiert un principe ordonnateur. Dans le cadre de l'évolution cosmique, ce principe est fourni par la structure fine du champ sub-quantique.

Dans les cosmologies qui ne comportent qu'un seul cycle, cette énigme ne comporte pas de réponse rationnelle. Le concept d'univers multicyclique est plus productif : il signifie que les constantes ont pu être réglées lors de l'avènement de l'univers observé, car cet événement était déjà « informé » par les traces des univers passés — plus exactement, par le champ sub-quantique structuré lors des cycles précédents.

L'apprentissage transcyclique de l'univers affecte l'accord des constantes universelles. Chaque cycle accorde les constantes pour celui qui va lui succéder. La même dynamique d'évolution qui est évidente à l'intérieur d'un cycle se révèle vraie en ce qui concerne les cycles entre eux. De même que, sur notre planète, une fois que la biosphère a évolué, les processus organiques et écologiques se sont accordés mutuellement, une fois que les formes de vie sont apparues dans un cycle, le cycle suivant devient mieux adapté à leur évolution. La séquence de cycles tend à produire juste la bonne quantité de baryons nécessaires pour peupler l'espace-temps ; elle tend à doter le neutrino d'une masse, laquelle est précisément telle que la matière créée dans un cycle ne disparaisse pas après sa synthèse ; enfin, elle tend vers des taux et des formes d'expansion qui aboutissent à des structures à grande échelle capables d'accueillir les formes de vie les plus élaborées.

Le processus que les scénarios classiques considèrent comme représentant l'univers dans sa totalité se révèle n'être en fait qu'un élément d'une séquence de cycles potentiellement infinie dans un univers multicyclique. La réalité, dont nous pensions qu'elle constituait un univers, devient un « multivers » — un tout indivisible qui élabore des configurations de matière en cycles oscillants allant vers des zéniths de vie et de complexité — et donc des cerveaux et des consciences — de plus en plus évolués.

CONCLUSION

Notre recherche d'une théorie unifiée a donné naissance à une vision surprenante ; une vision du monde inversée où l'espace est primaire et les corps secondaires, où les organismes sont constamment informés par leur espèce et aussi par leur culture et leur environnement, où la conscience humaine est imprégnée d'idées et d'images qui transcendent les limites du temps et de l'espace. Cependant, il y a un aspect complémentaire à cette vision : celui de l'unité et de la créativité. Tandis que nous contemplons une réalité plus vaste située au-delà de notre corps et de notre esprit, c'est cet aspect qui prévaut.

Le monde suggéré par cette vision constitue une totalité qui se crée elle-même. Ses parties ne sont pas radicalement séparées, ce sont des éléments qui sont des parties intégrantes du tout. Chaque événement est le résultat de tous les autres événements. Dans le langage des mathématiques, c'est un univers de Hamilton-Jacobi.

Il y a déjà un siècle, les mathématiciens William Hamilton et Carl Gustav Jacobi ont montré qu'il est possible de traiter des événements locaux comme une fonction d'un champ total. Chaque mouvement particulier peut être une fonction de tout mouvement qui l'a précédé plutôt que le résultat de forces mécaniques séparées. Les événements particuliers sont comme de petits bateaux sur une vaste mer : leurs mouvements sont déterminés par la confluence de toutes les vagues de la mer. Suggérer que c'est de cette façon que les choses et les événements sont déterminés dans l'univers, c'est l'inverse de croire qu'ils sont le résultat de forces indépendantes agissant en des points particuliers le long d'une trajectoire discrète. Dans un univers de Hamilton-Jacobi, les choses et les événements ne sont pas des réalités séparées, mais le produit de vagues qui interagissent au sein d'une mer sans frontières.

Un univers d'ondes interagissantes est un concept que les chercheurs connaissent bien depuis plus d'un siècle, mais qu'on ne s'est mis que récemment à prendre au sérieux. Tout d'abord, la science était dominée par le concept newtonien d'un univers mécanique au sein duquel le mouvement est calculé en fonction des forces indépendantes qui agissent sur les trajectoires discrètes. Ensuite, calculer les mouvements qui se produisent dans le cadre d'un univers de Hamilton-Jacobi ne s'est révélé possible que si les événements et leurs interactions ne sont pas en nombre élevé. Par conséquent, les applications pratiques de la théorie de Hamilton-Jacobi ont inversé le concept qui était à sa base : les chercheurs ont utilisé cette théorie pour calculer de petits ensembles d'événements comme s'ils étaient séparés et indépendants du reste du monde. C'était ne pas tenir compte de la vision selon laquelle tous les événements sont le résultat d'interactions dans un ensemble qui est le cosmos dans sa totalité.

Aujourd'hui, on a redécouvert l'intégrité du cosmos. Les concepts de champ pris dans leur ensemble sont devenus essentiels dans la nouvelle physique où l'état d'une particule est considéré comme le produit de l'ensemble dans lequel elle est enchâssée — ensemble qui, logiquement, comprend toutes les particules de l'espace-temps. La primauté de l'ensemble a également prévalu dans la cosmologie, où l'état de l'univers à un moment donné aussi bien que l'évolution des états de l'univers au cours du temps sont considérés comme des fonctions des constantes universelles qui définissent les paramètres du système dans son ensemble. Dans les sciences physiques, la compréhension de l'ensemble est devenue une condition préalable à la compréhension de ses composants. C'est à juste titre que Prigogine a fait remarquer que la physique est en passe de devenir une science globale[1].

Dans un univers « sans couture » tel que celui de Hamilton-Jacobi, tout est codéterminé par tout ; il n'y a pas de causes simples ou d'effets isolés, mais des interactions mutuelles. Quel que soit l'événement qui vient à se produire, si peu important ou si localisé soit-il, il est le résultat de tout ce qui s'est produit avant et fait partie de la cause de tout ce qui se produira ultérieurement. Le cosmos est un système d'ondes interagissantes ; c'est une mer où la perturbation la plus infime se propage dans le milieu tout entier. Considérer les choses comme des particules séparées qui décrivent des trajectoires indépendantes est sans doute nécessaire dans la vie courante et lorsqu'il s'agit de prédire ce qui va se produire, mais de telles préoccupations pragmatiques ne doivent pas dissimuler que, dans l'univers réel, en dépit des apparences, il n'existe pas d'objets discrets, isolés, ni d'événements indépendants, mais seulement des ondes qui se superposent à d'autres ondes qui s'interpénètrent et qui se propagent dans une mer sans frontière.

Qu'est-ce au juste que cette mer, ce milieu fondamental du monde extérieur ? Les penseurs classiques discutaient de cette question en termes de matière ou d'esprit, ou encore d'une combinaison des deux : les grands métaphysiciens étaient des matérialistes ou des idéalistes, à moins qu'ils ne fussent des dualistes. Pour une théorie scientifique unifiée, le tissu de l'univers ne peut être partagé en réalités distinctes et indépendantes, en matière et en esprit, en *physis* et en *psychè*. Une interprétation réaliste de la nouvelle physique peut seulement suggérer l'existence d'une seule sorte de « tissu » dans l'univers : l'énergie. L'énergie, sous d'autres de ses formes, c'est la lumière, la radiation, la chaleur et l'énergie cinétique. Sous une autre de ses formes encore, l'énergie est potentielle : c'est le substrat d'où naît l'énergie-matière. Ce n'est pas telle ou telle forme d'énergie, mais l'énergie en tant que réalité fondamentale capable de prendre tantôt une forme, tantôt l'autre qui est le tissu fondamental de l'univers. *Le cosmos est une mer d'énergie à divers niveaux d'actualisation sous diverses configurations.*

Le monde actualisé est une série de flux dans la mer des énergies primales, des flux qui s'organisent eux-mêmes vers des niveaux d'ordre toujours plus élevés. Les flux ressemblent à une texture fine en surimpression sur une structure d'une profondeur insondable. L'interaction de cette structure fine avec la texture de la profondeur est la base de l'autocréation de l'univers. L'interaction fonctionne comme une roue dentée qui ne peut tourner que dans un sens. Dans son jeu aléatoire, la surface essaie diverses vagues et divers ordres ; le fond conserve les traces de tout ce qui heurte la surface et retourne l'information sur ce qui se passe au-dessus. Par conséquent, la texture fine de la surface devient de plus en plus élaborée, tout en devenant de plus en plus cohérente avec elle-même. La surface et la profondeur évoluent de concert ; l'une dans les limites connues du temps et de l'espace, et l'autre au-delà.

L'idée d'une couche, d'une strate profonde du cosmos qui donnerait naissance à tout ce qui existe de par le monde et en conserverait les traces, n'est une notion nouvelle qu'en apparence : en fait, pour l'essentiel, elle est intuitivement connue depuis des millénaires. Sous une forme ou sous une autre, nous trouvons le même concept dans presque toutes les grandes civilisations. Il est là dans le *Ch'i* des Chinois, unité primordiale contenant les prémisses du yin et du yang, ces éléments opposés universels qui, dans leurs interactions incessantes, provoquent l'apparition de la diversité du monde manifeste. Il est là dans le *mulaprakriti* des sanskrits, source primale indifférenciée d'où émergent toutes choses par le biais de l'involution suivie de l'évolution. Le Tao chinois en est une illustration évidente. C'est Lao-tseu qui disait de façon remarquable : « Il y avait quelque chose de vague avant l'avènement du ciel et de la terre. Quel calme ! Quel vide ! C'est là, solitaire, immuable ; cela agit partout, infatigablement. On peut considérer que c'est la mère de tout ce qui existe sous le ciel. Je ne sais pas son nom, mais je l'appelle Tao[2]. »

Les Upanishad indiennes décrivent cette « mère de toutes choses » de façon plus détaillée. L'Upanishad Mundaka, l'un des onze textes de base, contient peut-être les formulations les plus remarquables[3]. En réponse à la fameuse question de Saunaka, riche homme du monde (« O Vénéré, quel est le savoir qui permet d'accéder à la connaissance de tout ce qui existe dans le monde ? »), Angiras, figure légendaire à qui avait été conféré le savoir du brahmane, répondit : « Ceux qui savent affirment qu'il existe deux sortes de savoir qu'il est nécessaire d'acquérir — le plus élevé ainsi que le plus modeste. De ceux-ci, le plus modeste consiste en le Rig-veda, le Yajurveda, le Samaveda, l'Atharvaveda : la phonétique, les rites, la grammaire, l'étymologie, la métrique et l'astronomie. Et le plus élevé est celui par lequel l'impérissable est atteint. » Même les écrits indiens les plus vénérés sont relégués dans le savoir modeste ; le savoir élevé, révélé à celui qui le recherche et qui s'en approche comme il convient, avec un esprit paisible et des sens maîtrisés, c'est la science brahmanique. C'est la science de ce « qui est invisible, impossible à saisir, à appréhender, sans origine ni attributs... ; ce qui est éternel, doué d'une multiple splendeur, ce qui pénètre et imprègne toute chose, est subtil au-delà de ce qu'on peut imaginer... ». C'est ce que les sages perçoivent partout comme la source de la création (chapitre 1, strophe 3).

Le savoir du brahmane se révèle être le fondement unitaire et éternel de l'univers ; le monde connu est une émanation naturelle et spontanée de l'univers à partir de cette sphère immuable et impérissable. Angiras évoque un processus récurrent : le temps est cyclique plutôt que linéaire, allant d'un commencement initial à une étape terminale. « Ceci est la vérité. Comme d'un feu ardent jaillissent des milliers d'étincelles brillantes, de la même façon, mon bien-aimé, une multitude d'êtres vivants naissent de l'impérissable et, vraiment, y retombent à nouveau » (chapitre 2, strophe 1). Peu importe combien de fois le savoir du brahmane donne naissance à l'univers, son propre être transcendant n'en est ni amoindri ni diminué.

Une image analogue a été exprimée dans la pensée orientale au début de notre siècle. Dans son livre sur le *Raya-yoga* (la voie royale expliquée dans le *Yogasutra* de Patanjali et considérée par beaucoup comme le moyen le plus efficace de réaliser l'union entre l'humain et le divin), le célèbre yogi indien Swami Vivekananda a décrit l'intuition qu'il avait acquise concernant la nature de la réalité[4].

Selon le Raya-yoga, l'univers consiste en deux éléments fondamentaux : *akasha* et *prana*. L'akasha est la substance sous-jacente à tout ce qui existe, alors que le prana est l'énergie par excellence qui agit, et qui forme toute chose. Au commencement, il n'y avait que l'akasha, et à la fin, il n'y aura encore que l'akasha. L'akasha devient le soleil, la terre, la lune, les étoiles et les comètes : il devient aussi le corps des animaux et des humains, les plantes, et tout ce qui existe. A la fin d'une phase du cosmos, tout se mêlera et redeviendra akasha pour en réémerger lors de la phase suivante.

Le prana est le pouvoir infini et omniprésent qui agit sur l'akasha. Il est mouvement, gravitation et magnétisme ; présent dans les actes humains, dans l'influx nerveux qui parcourt le corps, et jusque dans la force de la pensée. A la fin d'une phase cosmique, toutes les forces se résolvent en prana, toutes les choses se terminent sous forme d'akasha. Mais l'akasha n'est pas passif : comme le veut la légende, il conserve les traces de tout ce qui se produit dans le cosmos.

De nos jours encore, les philosophes indiens émettent des opinions semblables. Par exemple, Gopi Krishna, fondateur du mouvement kundalini, parle du cosmos comme d'un océan sans limites parsemé d'icebergs. Cet océan n'est pas perçu par nos sens, mais les gigantesques formations de glace nous sont perceptibles. Lorsque nous observons le monde en nous servant de nos sens, nous ne voyons que les icebergs, mais quand nous le considérons « de l'intérieur », en « samadhi », les icebergs disparaissent, et l'eau est perçue de tous côtés. L'océan baigne l'espace et le temps. C'est la base de la réalité : les énergies du monde visible tirent leur origine de l'énergie primordiale inhérente à ses potentiels créatifs[5].

Les conceptions intuitives classiques, qu'il s'agisse de celles de la Chine ou de l'Inde, ou encore de la Perse, de l'Égypte et de la Grèce, renvoient à une réalité fondamentale qui est au-delà du monde des sens. Cette base engendre le monde que nous observons, celui des êtres, des choses et des événements, et à la fin des temps êtres et choses sont de nouveau absorbés par cette réalité essentielle.

C'est effectivement la conception fondamentale que nous trouvons dans la dynamique sub-quantique intégrée aux derniers scénarios des cosmologies actuelles. L'univers observé est l'actualisation d'une base permanente et unitaire : le champ sub-quantique. Celui-ci engendre l'énergie-matière actualisée sous forme d'ondes complexes qui inscrivent un réseau structuré à sa surface. Ces ondes disparaissent finalement dans la profondeur, mais la texture fine qu'elles créent — le champ ψ — continue de structurer la surface.

L'interaction de l'univers actualisé avec le champ de base crée une série d'actes dans le déroulement du processus cosmique. Les actes individuels répètent les scénarios de l'évolution de l'énergie-matière mais ils ne les répètent pas à l'identique. Le champ profond enregistre chaque acte et provoque l'inscription de l'acte suivant. Cette incitation subtile accroît le rythme de développement : elle permet à chaque acte d'acquérir plus de cohérence que le précédent. L'évolution dans le monde observable peut aller vers des niveaux d'ordre et de complexité équivalents en des laps de temps plus réduits — ou bien atteindre des niveaux d'ordre plus élevés en un laps de temps équivalent. En devenant plus cohérents, les actes successifs peuvent acquérir une perfection plus élevée. Ils peuvent produire des organismes plus complexes et des cerveaux plus perfectionnés.

Si tel est le processus cosmique à l'œuvre, la notion même de temps revêt une signification nouvelle. Tandis que les cycles individuels s'accomplissent en un temps fini, la séquence qu'ils constituent — l'univers dans sa totalité — peut être infinie.

Les intuitions de toujours étaient exactes. Alors que les phénomènes sont transitoires, le cosmos est permanent. L'univers est un tout, un ensemble qui se crée lui-même. Le monde des quanta, étrangement inversé, le monde des organismes, étonnamment « in-formé », et le monde de l'esprit et de la conscience, curieusement interconnecté, se fondent en une image d'un univers unifié doué de créativité.

L'accord entre la sagesse éternelle et les concepts inspiré par la nouvelle science n'est pas une simple coïncidence. Les intuitions sainement fondées ne sont jamais vraiment inédites ; elles sont seulement plus détaillées et plus pénétrantes que nous ne l'avions jusqu'alors envisagé.

L'homme et la vision unifiée

Dans la vision unifiée, le monde qui entoure l'homme et l'homme qui est entouré par le monde ne sont pas des réalités séparées, mais des aspects complémentaires de la même réalité. L'esprit, ou plus exactement le cerveau humain avec sa capacité d'élaborer consciemment des processus mentaux, fait partie du monde, et il interagit constamment avec lui. Le cerveau accomplit des analyses complexes des signaux qui atteignent l'organisme. Dans l'acception traditionnelle, ces signaux naissent des champs ambiants, y compris l'air et le spectre électromagnétique. Dans l'approche de la dynamique sub-quantique, les signaux qui atteignent le cerveau incluent aussi ceux qui naissent au niveau sub-quantique, le plus profond de l'univers.

Le cerveau humain est un récepteur de signaux extrêmement sensible : les régions corticales responsables de la perception et de la conscience sont dans un état permanent de chaos. Non seulement elles transmettent à la conscience l'information transmise normalement grâce aux organes des sens, mais elles transmettent aussi l'information qui transcende les limites de l'espace et du temps.

Le cerveau, ce détecteur de signaux hypersensible, participe aux deux mondes : le monde de la vie et le monde des quanta. En tant qu'organe du corps humain, le cerveau est un système existant à un macro-niveau comparativement détaché des ondes qui se propagent au niveau sub-quantique. En tant qu'instrument capable de décoder les ondes jusqu'au niveau atomique, le cerveau a des capacités qui atteignent la dimension quantique. Ainsi, alors que le cerveau, en tant que partie du corps, est au-delà du monde quantique, en tant que détecteur de signaux il plonge dans ce monde.

Par conséquent, le cerveau est une fenêtre ouverte sur l'univers. Il n'est pas une ouverture passive qui reflète simplement ce que rencontre l'organisme, mais un décodeur actif qui interprète les champs dans lesquels l'organisme est plongé. Les hommes peuvent élargir davantage cette ouverture afin de reconstruire non seulement l'environnement immédiat, mais aussi les plus vastes perspectives du cosmos. Alors que le cerveau ne peut capter tous les signaux qui l'atteignent (et est en fait limité à une très faible quantité de ceux-ci), ce qu'il peut capter dépasse de très loin le domaine de la perception ordinaire. Le cerveau devient si nous le voulons un récepteur cosmique plutôt qu'un récepteur local limité aux ondes ambiantes captées par l'œil et l'oreille.

Mais le cerveau n'est pas seulement un récepteur de signaux : c'est aussi un émetteur. Il y a un courant à double sens entre le monde qui entoure l'homme et l'homme qui est entouré par le monde. Non seulement nous disposons d'une fenêtre ouverte sur le monde, mais nous avons aussi la possibilité d'agir sur le monde. Quels que soient les pensées, les images, les sentiments et les intuitions qui traversent notre conscience, ils ont leurs bases dans l'activité du système nerveux, et les réseaux complexes de ce système constituent les structures d'énergie-matière qui laissent leur trace dans le champ sub-quantique. Nos pensées les plus vagues, nos intuitions les plus floues sont encodées dans ce champ et y sont conservées. Elles peuvent aussi être réactivées, ravivées par un autre cerveau. Nos expériences ne sont pas vraiment fugaces et fugitives, elles sont stockées dans une banque de données, une mémoire cosmique accessible aux autres consciences. Les cerveaux humains qui ont des codes semblables aux nôtres pourraient se rappeler nos expériences ; peut-être revivre notre vie.

En fin de compte, il y a bien une sorte d'immortalité. Ce n'est pas comme si nous avions une âme séparée du corps ; au contraire, nous avons un corps qui est inséparable de l'univers.

Peut-être, au lieu de l'immortalité de l'âme individuelle, devrions-nous parler de l'immortalité de l'ensemble auquel participe la conscience individuelle. Les expériences profondes suggèrent que la conscience est effectivement une partie organique du monde qui l'entoure. Celles-ci constituent le fondement du mysticisme et de la religion. Par exemple, le Persan Aziz Nasafi, mystique islamique du XIIIe siècle, écrivait que le monde spirituel est comme une lumière placée derrière le monde matériel. Lorsqu'une créature vient au monde, cette lumière brille à travers elle comme par une fenêtre. Selon le modèle et la taille de la fenêtre, il pénètre dans le monde plus ou moins de lumière[6]. Même le philosophe pragmatique William James parvenait à la conclusion que l'expérience religieuse « témoigne sans équivoque » que nous pouvons connaître « l'union avec quelque chose de plus vaste que nous-mêmes[7] ».

De façon plus surprenante, Gustav Fechner, fondateur de la psychologie expérimentale moderne, affirmait la même chose. « Lorsque l'un d'entre nous meurt, écrivait-il, c'est comme si l'un des yeux du monde se fermait, car toutes les perceptions qu'il recevait ne sont plus transmises de son fait. Mais les souvenirs et les relations conceptuelles qui se sont amalgamés autour des perceptions de cette personne demeurent aussi clairs qu'avant dans le cadre plus vaste de la vie sur la Terre, établissent de nouvelles relations, croissent et se développent tout au long de l'avenir, de la même façon que nos propres objets de pensée bien distincts, une fois stockés dans la mémoire, établissent de nouvelles relations et se développent tout au long de notre vie qui, elle, est limitée[8]. »

Nous et notre esprit sommes parties intégrantes du cosmos. C'est un fait que les mystiques et les religieux ont toujours su mais que le sens commun ignore souvent et que la science ne pouvait pas clairement justifier. A notre époque ce n'est plus le cas. Nous sommes enfin capables de redécouvrir l'unité du monde, ainsi que l'unité de l'homme avec le monde, de retrouver à travers les nouvelles sciences le patrimoine le plus inestimable de la civilisation humaine.

POSTFACE

Viens,   navigue
avec moi sur une mer calme. Nous
sommes de minuscules vaisseaux qui fen-
dent les eaux tranquilles. Les côtes sont bru-
meuses, l'eau est un miroir. Nous sommes des vaisseaux sur la mer, ne faisant qu'un avec elle.

Les eaux de la mer gardent le souvenir de notre passage. Un
fin sillage se développe derrière nous, se diffusant sur les eaux et
se perdant dans les horizons embrumés. Les vagues se rencontrent,
tandis que *toi*, qui est aussi *moi*, parcours la mer qui est aussi *nous*.
Ton sillage et le mien s'unissent et dessinent le reflet de ce qui est à la
fois ton mouvement et le mien. D'autres vaisseaux — qui sont aussi *nous*
— parcourent les mers, leurs vagues se croisent aussi, et la surface s'anime
de vaguelettes et de rides. Elles sont la mémoire de notre mouvement — les
traces de notre être.

L'empreinte que nous laissons sur les eaux crée un effet subtil qui se
propage de toi à moi, et de moi à toi, et de nous à tous les autres qui
sont sur cette mer. Nous, qui sommes aussi les autres, agissons sur
chacun et sur tous les vaisseaux de la mer.

Notre existence séparée est une illusion. Nous sommes
parties intégrantes d'un tout : nous sommes une mer qui a
un mouvement et une mémoire. Notre réalité est plus
grande que toi et moi, plus grande que tous les
navires de la mer, plus grande que les
eaux sur lesquelles ils naviguent.

E. L.

NOTES

Première partie

CHAPITRE PREMIER

1. Werner HEISENBERG, *The Physicist's Conception of Nature*, Londres, Hutchinson, 1955.

2. « The Philosophy of Niels Bohr », *Bulletin of Atomic Physicists*, vol. XIX, n° 7, p. 12.

3. Arthur S. EDDINGTON, *The Nature of the Physical World*, New York, MacMillan, 1929, p. 341.

4. *Ibid.*, p. 276.

5. James JEANS, « Interview », dans *Living Philosophers*, New York, Simon and Schuster, 1931.

6. Werner HEISENBERG, *Philosophic Problems of Nuclear Science*, New York, Fawcett, 1952, p. 62.

7. Geoffrey S. CHEW, « Impasse for the Elementary Particle Concept », *The Great Ideas Today, 1974*, Encyclopaedia Britannica, 1974, p. 115. Voir aussi Geoffrey S. CHEW, *The Analytic S-Matrix*, New York, Benjamin, 1966, et Henry P. STAPP, « Space and Time in S-Matrix Theory », *Physiological Review*, vol. 135B, 1985.

8. Werner HEISENBERG, « Development of Concepts in the History of Quantum Theory », *American Journal of Physics*, vol. 43, n° 5, 1975, p. 392.

CHAPITRE 2

1. Murray GELL-MANN, « A Schematic Model of Baryons and Mesons », *Physics Letters*, vol. 8, n° 3, 1964. Voir aussi GELL-MANN, *Elementary Particles*, Oppenheimer Memorial Lecture, Institute for Advanced Studies, Princeton, octobre 1974.

2. Steven WEINBERG, « The Search for Unity : Notes for a History

of Quantum Field Theory », *Daedalus, Discoveries and Interpretations : Studies in Contemporary Scholarship* (II), 1977, p. 23.

3. Pour une vue d'ensemble sur l'itinéraire menant à la théorie des supercordes, voir Barry PARKER, *The Search for a Supertheory ; From Atoms to Superstrings*, New York, Plenum Press, 1987.

CHAPITRE 3

1. Stephen HAWKING, *A Brief History of Time*, New York, Bantam Books, 1989 (trad. fr. : *Une brève histoire du temps*, Flammarion, 1989).

CHAPITRE 4

1. Voir Ervin LASZLO, *Evolution : the Grand Synthesis*, Boston et Londres, Shambhala New Science Library, 1987 (tr. fr. *La Cohérence du réel*, Gauthier Villars, 1989), LASZLO, éd., *The New Evolutionary Paradigm*, New York, Gordon & Breach, 1991.

2. Ilya PRIGOGINE, *Thermodynamics of Irreversible Processes*, New York, Wiley-Interscience, 1967 (3ᵉ éd.) ; voir aussi « Order through fluctuation : self-organisation and social system », dans Erich JANTSCH et Conrad WADDINGTON, éd., *Evolution and Consciousness*, éd. Reading, MA Addison-Wesley, 1976, et (avec Isabelle STENGERS), *La Nouvelle Alliance*, Paris, Gallimard, 1979.

3. David BOHM, *Wholeness and the Implicate Order*, Londres, Routledge & Kegan Paul, 1980. (Tr. fr. *La Plénitude de l'Univers*, Éd. Le Rocher, 1987.)

4. Brian GOODWIN, « Development and Evolution », *Journal of Theoretical Biology*, vol. 97, 1982, pp. 43-55, et « Organisms and Minds : Dialectics of the animal/human interface in biology », Mimeo, 1986.

5. V. M. INYOUCHINE, *Elementy teorii biologicheskogo polia*, Alma-Ata, Kazakh State University, 1978.

6. Ruper SHELDRAKE, *A New Science of Life*, Londres, Blond & Briggs, 1981, (tr. fr. *Une nouvelle science de la vie*, Éd. Le Rocher, 1985) et *The Presence of the Past*, New York, Time Books, 1988 (tr. fr. *La Mémoire de l'Univers*, Éd. Le Rocher, 1989).

CHAPITRE 5

1. John Archibald WHEELER, « Bits, quanta, meaning », dans A. GIOVANNINI, F. MANCINI et M. MARINARO, éd., *Problems of Theoretical Physics*, Salerne, University of Salerno Press, 1984.

2. Cité dans Max BORN, *The Einstein Letters*, Londres, MacMillan, 1971.

3. Pour de plus amples détails, voir la publication originale d'EINS-

TEIN, Boris PODOLSKI et Nathan ROSEN, « Can quantum mechanical description of physical reality be considered complete ? », *Physical review*, vol. 47, 1935. En ce qui concerne les résultats de l'expérimentation sur la théorie, voir A. ASPECT, P. GRANGIER et G. ROGER, dans *Physical review Letters*, vol. 49, n° 9, 1982.

4. John S. BELL, « On the Einstein Podolski Rosen Paradox », *Physics*, vol 1, 1964.

5. Michael DENTON, *Evolution : Theory in Crisis*, Londres, Burnett Books, 1986 (tr. fr. *Évolution : une théorie en crise*, Flammarion, 1992).

6. Konrad LORENZ, *The Waning of Humaneness*, Boston, Little Brown, 1987.

7. Hermann WEYL, *Philosophy of Mathematics and Natural Science* (éd. revue), Princeton, N.J., Princeton University Press, 1949.

8. James LOVELOCK, *Gaia : A New Look at Life on Earth*, Londres, 1979 ; *The Ages of Gaia, a Biography of Our Living Earth*, New York, Bantam Books, 1989.

9. Niles ELDREDGE et Stephen J. GOULD, « Punctuated equilibria an alternative to phylogenetic gradualism », dans SCHOPF, éd., *Models in Paleobiology*, San Francisco, Freeman, Cooper, 1972 ; GOULD et ELDREDGE, « Punctuated equilibria : the tempo and mode of evolution reconsidered », *Paleobiology*, vol. 3, 1977 ; Niles ELDREDGE, *Time Frames ; The Rethinking of Darwinian Evolution and the Theory of Punctuated Equilibria*, New York, Simon & Schuster, 1985.

10. M. SCHUTZENBERGER, *Le Figaro Magazine*, 26 octobre 1991.

11. Giuseppe SERMONTI, *Le Figaro Magazine*, op. cit.

12. Roberto FONDI, *La Révolution organiciste*, Paris, Le Labyrinthe, 1986, et *Le Figaro Magazine*, op. cit.

13. François JACOB, Molecular tinkering in evolution, dans D. S. BENDALL éd., *Evolution from Molecules to Men*, Cambridge, C.U.P., 1983.

14. Gordon Rattray TAYLOR, *The Great Evolution Mystery*, Londres, Secker & Warburg, 1983 ; Alistair HARDY, *The Spiritual Nature of Man*, Londres, O.U.P., 1981 ; Edmund SINNOTT, *Matter, Mind and Man*, New York, Harper & Row, 1957, et *The Problem of Organic Form*, Yale University Press, 1963.

15. Leonard SHLAIN, *Art and Physics : Parallel Visions in Space, Time and Light*, New York, William Morrow, 1991.

16. Carl G. JUNG, *Synchronicity : An Acausal Connecting Principle, Complete Works*, vol. VIII. Princeton, N.J., Princeton University Press, 1973. Voir aussi F. David PEAT, *Synchronicity : The Bridge Between Matter and Mind*, New York, Bantam Books, 1987 ; Allan COMBS et Mark HOLLAND, *Synchronicity : Science, Myth, and the Trickster*, New York, Paragon House, 1990.

17. John ECCLES et Karl POPPER, *The Self and Its Brain*, Londres, Routledge & Kegan Paul, 1984.

18. Karl LASHLEY, « The problem of cerebral organization in vision »,

Biological Symposia, vol. VII, *Visual Mechanisms*, Lancaster, Jacques Cattell Press, 1942.

19. J. Z. YOUNG, « Memory », dans Richard GREGORY éd., *Oxford Companion to the Mind*, Oxford, O.U.P., 1987.

20. Raymond MOODY JR., « Foreword », dans David LORIMER, *Whole In One : The Near-Death Experience and the Ethic of Interconnectedness*, Londres, Arkana, 1990.

21. Lorimer, *op. cit.*, chap. 1.

Deuxième partie

INTRODUCTION

1. Errol E. HARRIS, dans *New Conceptions of the Universe*, George Mason University Symposium, Washington, 1988.

CHAPITRE 7

1. Albert EINSTEIN, *The World As I See It*, New York, Covici-Friede, 1934 (tr. fr. *Comment je vois le monde*, Flammarion, 1979).

2. Dennis GABORD, « A new microscopic principle », *Nature*, vol. 161, 1946.

3. Fred HOYLE, *The Intelligent Universe*, Londres, Michael Joseph, 1983.

CHAPITRE 8

1. John A. WHEELER, « Quantum Cosmology », dans L. Z. FANG, R. RUFFINI éd., *World Science*, Singapour, 1987.

2. Manfred REQUARDT, « From "Matter-Energy" to "Irreducible Information Processing" ; Argument for a Paradigm Shift in Fundamental Physics », Mimeo, 1990 ; Ignazio LICATA, « Dinamica Reticolare della Spazio-Tempo », Mimeo, *Inediti* n° 27, Bologne, Soc. Ed. Andromeda, 1989.

CHAPITRE 9

1. Ignazio LICATA, « Solitonic Particles Theory in Quanticized Space-Time », 1988, *op. cit.*

2. John Scott RUSSEL, *Report on Waves*, Association britannique pour les progrès de la science, 1845.

CHAPITRE 10

1. H. C. YUAN et B. M. LAKE, « Non linear deep waves », dans B. KURSUNOGLU, A. PERLMUTTER et L. F. SCOTT éd., *The Significance of Nonlinearity in the Natural Sciences*, New York, Plenum, 1977.

CHAPITRE 11

1. Albert EINSTEIN, dans *Proceedings of Schweiz. Naturforschungs Gesellschaft*, vol. 105, 1924.

Troisième partie

CHAPITRE 12

1. Eugene WIGNER, *The Scientist Speculates*, J. Good, Heinemann, 1961.
2. R. G. JOHN et B. J. DUNNE, « On the quantum mechanics of consciousness », *Foundations of Physics*, 16, 8, 1986.
3. H. EVERETT, *Rev. Mod. Physics*, 29, 1979.
4. *Einstein Centennial Symposium*, Jérusalem, 1979.
5. ASPECT, *op. cit.*
6. O. Costa de BEAUREGARD, *Le Temps déployé*, Monte-Carlo, Éd. du Rocher, 1988.

CHAPITRE 13

1. Voir Gianluca BOCCHI, « Biological Evolution : The Changing Image », dans Ervin LASZLO éd., *The New Evolutionary Paradigm*, New York, Gordon & Breach, 1991 ; Peter SAUNDERS, « Evolution Theory and Cognitive Maps », dans Ervin LASZLO et Ignazio MASULLI éd., *The Evolution of Cognitive Maps : New Paradigms for the 21st Century*, New York, Gordon & Breach, 1992 ; Jean STAUNE, « Les limites de la théorie néodarwinienne », *Biologie théorique*, Paris, Éd. du C.N.R.S., 1990
2. Michael POLANYI, « Tacit Knowing : Its Bearing on Some Problems of Philosophy », *Reviews of Modern Physics*, vol. 34, 1962.
3. John ECCLES et Karl POPPER, *The Self and Its Brain, op. cit.*
4. Roger W. SPERRY, « In defense of Mentalism and Emergent Interaction », *Journal of Mind and Brain*, 1991.
5. Roger SPERRY, *Problems Outstanding in the Evolution of Brain Function James Arthur, Lecture on the Evolution of the Human Brain,*

New York, American Museum of Natural History, 1964 ; et « A Modified Concept of Consciousness », *Psychological Review*, vol. 76, 1969.

CHAPITRE 14

1. Manfred EULER, « Reconstructing Complexity : Information Dynamics in Acoustic Perception », dans H. Atmanspacher et H. Scheingruber, *Information Dynamics*, New York, Plenum, 1991.
2. Karen et Russell DE VALOIS, « Spatial Vision », *Annual Review of Psychology*, vol. 31, 1980 ; K. DE VALOIS, R. DE VALOIS et E. W. YUND, « Responses of Striate Cortex Cells to Grating and Checkerboard Patterns », *Journal of Physiology*, vol. 291, 1979.
3. Karl PRIBRAM, *Brain and Perception : Holonomy and Structure in Figural Processing*, The MacEachran Lectures, Hillsdale, N.J., Lawrence Erlbaum, 1991.
4. J. J. GIBSON, *The Ecological Approach to Visual Perception*, Boston, Houghton Mifflin, 1979.
5. PRIBRAM, *Brain and Perception, op. cit.*, cours 9.
6. LASHLEY, *op. cit.*
7. Gerald M. EDELMAN et V. B. MOUNTCASTLE, *The Mindful Brain : Cortical Organization and the Group-Selective Theory of Higher Brain Function*, Cambridge, Mass., MIT Press, 1978 ; Gerald M. EDELMAN, *Neural Darwinism : The Theory of Neuronal Group Selection*, New York : Basic Books, 1987.
8. LORIMER, *Whole in One, op. cit.*, p. 22.
9. Carl JUNG, *Mysterium coniunctionis*, CW, vol. XIV, Pt. II, Princeton, N.J. : Princeton University Press, 1965.
10. Carl JUNG, « Commentary on the Secret of the Golden Flower », R. WILHELM, *The Secret of the Golden Flower*, New York, Harcourt, Brace & World, 1962.

CHAPITRE 15

1. John D. BARROW et Frank J. TIPLER, *The Anthropic Cosmological Principle*, New York, O.U.P., 1986.
2. E. GUNZIG, J. GEHENIAU et I. PRIGOGINE, « Entropy and Cosmology », *Nature*, vol. 330, 6149 (décembre 1987) (Entropie et cosmologie) ; I. PRIGOGINE, J. GEHENIAU, E. GUNZIG et P. NARDONE, « Thermodynamics of Cosmological Matter Creation », *Proceedings of the National Academy of Sciences*, USA, vol. 85 (1988).

CONCLUSION

1. Ilya PRIGOGINE, communication personnelle, 4 septembre 1990.

2. Cité par Alan WATTS, *The Way of Zen*, New York, Pantheon Books, 1957 (Le zen).

3. Karan SINGH, *Essays on Hinduism*, New Delhi, Ratna Sagar, 1987.

4. Swami VIVEKANANDA, *Raja-Yoga*, Advaita Ashrama, Mayavati, Almora, University Press of India, 1937.

5. Gopi KRISHNA, « Kundalini for the New Age », *The Odyssey of Science, Culture and Consciousness*, Kishore Gandhi éditeur, New Delhi, Abhinav Publications, 1990.

6. Cité par Erwin SCHRÖDINGER, « The Oneness of Mind », Ken Wilber éditeur, *Quantum Questions*, Boston & Londres, Shambhala New Science Library, 1984.

7. William JAMES, *The Varieties of Religious Experience*, Londres, Longmans, Green, 1904.

8. Cité par William JAMES, *The Pluralistic Universe*, Londres, Longman, Green 1904.

Table

Deuxième partie

LA TORCHE

Troisième partie

LE PANORAMA